计算机网络安全技术与实践

殷 博 林永峰 陈 亮 主编

东北林业大学出版社
Northeast Forestry University Press
·哈尔滨·

图书在版编目（CIP）数据

计算机网络安全技术与实践／殷博，林永峰，陈亮主编. —哈尔滨：
东北林业大学出版社，2023.4

ISBN 978-7-5674-3111-9

Ⅰ．①计…　Ⅱ．①殷…②林…③陈…　Ⅲ．①计算机网络-
网络安全　Ⅳ．①TP393.08

中国国家版本馆 CIP 数据核字（2023）第 066216 号

责任编辑：董峙鹬

封面设计：文　亮

出版发行：东北林业大学出版社

　　　　　（哈尔滨市香坊区哈平六道街 6 号　邮编：150040）

印　　装：河北创联印刷有限公司

开　　本：787 mm×1092 mm　1/16

印　　张：16.25

字　　数：223 千字

版　　次：2023 年 4 月第 1 版

印　　次：2023 年 4 月第 1 次印刷

书　　号：ISBN 978-7-5674-3111-9

定　　价：68.00 元

编委会

主　编

殷　博　国网天津市电力公司

林永峰　国网天津市电力公司

陈　亮　国网天津市电力公司电力科学研究院

副主编

刘弘靖　天津三源电力集团有限公司

崔　洁　国网天津市电力公司电力科学研究院

李　洁　国网天津市电力公司电力科学研究院

孟宪栋　国网天津市电力公司宝坻供电分公司

庞玉志　国网天津市电力公司党校

戚伯寅　天津三源电力信息技术股份有限公司

王建宽　国网天津市电力公司电力科学研究院

燕官政　国网天津市电力公司宝坻供电分公司

张国强　国网天津市电力公司电力科学研究院

编　委

杜梦佳　国网天津市电力公司滨海供电分公司

贾晓薇　国网天津市电力公司滨海供电分公司

葛　辉　国网天津市电力公司滨海供电分公司

赵远程　国网天津市电力公司城西供电分公司

严　玮　国网天津市电力公司电力科学研究院

吴京锴　国网天津市电力公司

杨　芸　国网天津市电力公司城南供电分公司

王　屹　天津三源电力信息技术股份有限公司

前　言

现今高速发展的社会已经进入了 21 世纪，而 21 世纪的重要特征就是数字化、网络化和信息化，这是一个以网络为核心的信息时代。互联网的飞速发展给人类社会的科学与技术带来了巨大的推动与冲击，同时也产生了网络信息与安全的问题。而计算机网络安全的具体含义会随着使用者的变化而变化，使用者不同，对网络安全的认识和要求也就不同。因此，计算机的安全性成了人们讨论的主要话题之一。而计算机安全主要研究的是计算机病毒的防治和系统的安全。在计算机网络日益扩展和普及的今天，人们对计算机安全的要求更高，涉及面更广。

信息技术的快速发展改变了人们传统的生活方式，也逐渐成为人们现代生活的重要组成部分。随着信息技术的广泛应用，越来越多的计算机技术被应用于人们社会生活中的方方面面，并推动着经济社会的发展进步。但与此同时，计算机技术所面临的风险也越来越高，如何有效保护计算机信息的安全性、维护个人利益成为信息技术亟待解决的重要问题之一。

本书主要对计算机网络安全技术与实践进行研究，结合实际，对网络安全问题与防治技术展开了详细的探讨与研究。希望本书的出版能为相关领域工作者提供经验和借鉴，为人们的网络安全提供保障，更好地促进我国信息化的发展。

本书在撰写的过程中，参阅了大量相关的资料和文献，为了保证论述的全面性与合理性，本书还引用了许多专家学者的观点，在此表示感谢。由于作者写作水平有限，书中不免存在疏漏之处，还望各位不吝指正。

殷　博　林永峰　陈　亮

2022 年 10 月

目　录

第一章　计算机网络安全概述

本章简要地介绍了网络安全领域中的基础知识：网络安全简介、网络安全所涉及的内容以及网络安全的防护体系。在学习过程中，除了要掌握网络安全领域的基本概念外，还应该掌握信息安全领域的新技术。

第一节　网络安全简介

一、网络安全的重要性

随着信息科技的迅速发展以及计算机网络的普及，计算机网络深入国家的政治、经济、文化和国防建设等各个领域，可以说网络无处不在。资源共享和计算机网络安全一直作为一对矛盾体而存在，随着计算机网络资源共享进一步加强，信息安全问题日益突出。

互联网在我国政治、经济、文化以及社会生活中发挥着愈来愈重要的作用，作为国家关键基础设施和新的生产、生活工具，互联网的发展极大地促进了信息流通和共享，提高了社会生产效率和人民生活水平，促进了经济社会的发展。互联网的影响日益扩大、地位日益提升，与此同时维护网络安全工作的重要性也日益突出。

网络系统失灵会造成通信瘫痪、基础设施损坏、大范围停电、船只停航等重大事故。美国联邦航空管理局的一条光缆被无意间挖断，所属的 4 个主要空中交通管制中心关闭 35 个小时，上千趟航班被延误或取消。世界最大计算机信息服务网络公司——美国联机公司，在正常维护中更换一款新软件后发生故障，造成了大规模服务中断事件，包括众多企业在内的 600 多万个用户 19 个小时无法使用电子邮件、互联网接入等，有的企业遭受了巨大的经济损失。英国伦敦希斯罗机场第五航站楼的电子网络系统在启用当天就发生故障，致使第五航站楼陷入混乱。

第 38 个世界电信日暨首个世界信息社会日的主题是 "Promoting Global Cyber security"（推进全球网络安全）。这充分体现出网络安全不再是一个潜在的问题，已经成为当前信息社会现实存在的重大问题，与国家安全息息相关，涉及国家政治和军事命脉，影响国家的安全和主权。一些发达国家，如英国、美国、日本、俄罗斯等把国家网络安全纳入了国家安全体系。

据国家计算机网络应急技术处理协调中心（CNCERT）监测，每年都会有非常多的网络安全攻击事件发生。除了攻击事件外，病毒对网络安全的影响也越来越大。2009 年，计算机病毒或木马仍处于一种高速"出新"的状态。2010 年，病毒或木马的增长速度与 2009 年相比有所放缓，但仍处于大幅增长状态，总数量还是非常庞大的。各种计算机病毒和网上黑客对互联网的攻击越来越猛烈，网站遭受破坏的事例不胜枚举。

自 2017 年年初以来，网络安全界更是事故频发：2017 年 3 月，2 100 万个 Gmail 和 500 万个雅虎账户在黑市被公开售卖；4 月，黑客团体影子经纪人曝光 NSA 黑客工具；同月，安恒安全研究院检测到全球有超过 9 万台机器被利用曝光的黑客工具植入后门；5 月，勒索病毒席卷全球，入侵 150 多个国家近 30 万台电脑；6 月，一款名为"暗云"的木马程序在互联网上大量传播……次次触目惊心的网络安全事件，让全球人民一度陷入前所未有的恐慌，也再次提醒大众网络安全防范已迫在眉睫。

二、网络脆弱性的原因

1. 开放性的网络环境

正如一句非常经典的语句所说："Internet 的美妙之处在于你和每个人都

能互相连接，Internet 的可怕之处在于每个人都能和你互相连接。"

网络空间之所以易受攻击，是因为网络系统具有开放、快速、分散、互联、虚拟、脆弱等特点。网络用户可以自由访问任何网站，几乎不受时间和空间的限制。信息传输速度极快，病毒等有害信息可在网上迅速扩散和放大。网络基础设施和终端设备数量众多，分布地域广阔，各种信息系统互联互通，用户身份和位置真假难辨，构成了一个庞大而复杂的虚拟环境。此外，网络软件和协议存在许多技术漏洞，为攻击者提供了可乘之机。这些特点都给网络空间的管控造成了巨大的困难。

Internet 是跨国界的，这意味着网络的攻击不仅仅来自本地网络的用户，也可以来自 Internet 上的任何一台机器。由于 Internet 是一个虚拟的世界，因而人们无法得知联机的另一端是谁。

网络建立初期只考虑方便性、开放性，并没有考虑总体安全构想，因此任何一个人、团体都可以接入，网络所面临的破坏和攻击可能是多方面的。例如，可能是对物理传输线路的攻击，也可能是对网络通信协议及应用的攻击；可能是对软件的攻击，也可能是对硬件的攻击。

2. 协议本身的脆弱性

网络传输离不开通信协议，而这些协议也存在不同层次、不同方面的漏洞，针对 TCP/IP 等协议的攻击非常多，在以下几个方面都有攻击的案例。

（1）网络应用层服务的安全隐患。例如，攻击者可以利用 FTP、Login、Finger、Whois、www 等服务来获取信息或取得权限。

（2）IP 层通信的易欺骗性。由于 TCP/IP 本身的缺陷，IP 层数据包是不需要认证的，攻击者可以假冒其他用户进行通信，即 IP 欺骗。

（3）针对 ARP 的欺骗性。ARP 是网络通信中非常重要的协议，基于 ARP 的工作原理，攻击者可以假冒网关，阻止用户上网，即 ARP 欺骗。近年来，ARP 攻击更与病毒结合在一起，破坏网络的连通性。

（4）局域网中以太网协议的数据传输机制是广播发送，使系统和网络具有易被监视性。在网络上，黑客能用嗅探软件监听到口令和其他敏感信息。

3. 操作系统的漏洞

网络离不开操作系统，操作系统的安全性对网络安全同样有非常重要的影响，有很多网络攻击方法都是从寻找操作系统的缺陷入手的。操作系统的缺陷包括以下几个方面。

（1）系统模型本身的缺陷。这是系统设计初期就存在的，无法通过修改操作系统程序的源代码来弥补。

（2）操作系统程序的源代码存在 Bug（故障），操作系统也是一个计算机程序，任何程序都会有 Bug，操作系统也不会例外。例如，冲击波病毒针对的就是 Windows 操作系统的 RPC 缓冲区溢出漏洞。那些公布了源代码的操作系统所受到的威胁更大，黑客会分析其源代码，找到漏洞进行攻击。

（3）操作系统程序的配置不正确。许多操作系统的默认配置安全性很差，进行安全配置比较复杂，并且需要一定的安全知识，许多用户并没有这方面的能力，如果没有正确地配置这些功能，也会造成一些系统的安全缺陷。

截至 2018 年 4 月 12 日，中国国家信息安全漏洞库（CNNVD）发布的漏洞总量已达 107 304 个。漏洞的大量出现和不断快速增加补丁是网络安全总体形势趋于严峻的重要原因之一。不仅仅操作系统存在这样的问题，其他应用系统也一样。比如：微软公司在 2010 年 12 月推出 17 款补丁，用于修复 Windows 操作系统、IE 浏览器、Office 软件等存在的 40 个安全漏洞。在我们实际使用的应用软件中，可能存在的安全漏洞更多。

4. 人为因素

一些公司和用户的网络安全意识薄弱、思想麻痹，这些管理上的人为因素也影响了网络安全。

三、网络安全的定义

国际标准化组织（ISO）引用 ISO 74982 文献中对安全的定义：安全就是最大限度地减少数据和资源被攻击的可能性。

《中华人民共和国计算机信息系统安全保护条例》第三条规范了包括计算机网络系统在内的计算机信息系统安全的概念："计算机信息系统的安全保护，应当保障计算机及其相关的和配套的设备、设施（含网络）的安全，运行环境的安全，保障信息的安全，保障计算机功能的正常发挥，以维护计算机信息系统的安全运行。"

从本质上讲，网络安全是指网络系统的硬件、软件和系统中的数据受到保护，不受偶然的或者恶意的攻击而遭到破坏、更改、泄露，系统连续可靠正常地运行，网络服务不中断。从广义上讲，凡是涉及网络上信息的保密性、完整性、可用性、可控性和不可否认性的相关技术和理论都是网络安全所要研究的领域。

欧洲共同体对信息安全给出如下定义："网络与信息安全可被理解为在既定的密级条件下，网络与信息系统抵御意外事件或恶意行为的能力。这些事件和行为将危及所存储或传输的数据，以及经由这些网络和系统所提供的服务的可用性、真实性、完整性和秘密性。"

网络安全的具体含义会随着受重视程度的不同而变化。例如，对用户（个人、企业等）来说，希望涉及个人隐私或商业利益的信息在网络上传输时受到机密性、完整性和真实性的保护，避免其他人或对手利用窃听、冒充、篡改、抵赖等手段侵犯用户的利益和隐私。对网络运行和管理者来说，希望对本地网络信息的访问、读、写等操作受到保护和控制，避免出现病毒、非法存取、拒绝服务、网络资源非法占用和非法控制等威胁，制止和防御网络黑客的攻击。对安全保密部门来说，希望对非法的、有害的或涉及国家机密的信息进行过滤和防堵，避免机要信息泄露，避免对社会产生危害，给国家造成巨大损失。对社会教育和意识形态来说，网络上不健康的内容会对社会的稳定和人类的发展造成阻碍，必须对其加以控制。

四、网络安全的基本要素

网络安全的目的：保障网络中的信息安全，防止非授权用户的进入以及事后的安全审记。

网络安全包括 5 个基本要素，即保密性（Confidentiality）、完整性（Integrity）、可用性（Availability）、可控性（Controllability）和不可否认性（Non-Repudiation）。

1. 保密性

保密性是指保证信息不能被非授权用户访问，即非授权用户得到信息也无法知晓信息内容，因而不能使用。通常通过访问控制阻止非授权用户获得机密信息，还通过加密阻止非授权用户获知信息内容，确保信息不暴露给未授权的实体或者进程。

2. 完整性

完整性是指只有得到允许的人才能修改实体或者进程，并且能够判断实体或者进程是否已被修改。一般通过访问控制阻止篡改行为，同时通过消息摘要算法来检验信息是否被篡改。

3. 可用性

可用性是指信息资源服务功能和性能可靠性的度量，涉及物理、网络、系统、数据、应用和用户等多方面的因素，是对信息网络总体可靠性的要求。授权用户根据需要，可以随时访问所需信息，攻击者不能占用所有的资源而阻碍授权者的工作。使用访问控制机制阻止非授权用户进入网络，使静态信息可见，动态信息可操作。

4. 可控性

可控性是指对危害国家信息（包括利用加密的非法通信活动）的监视审计，控制授权范围内的信息的流向及行为方式。使用授权机制控制信息传播的范围、内容，必要时能恢复密钥，实现对网络资源及信息的可控性。

5. 不可否认性

不可否认性是指对出现的安全问题提供调查的依据和手段。使用审计、监控、防抵赖等安全机制使攻击者、破坏者、抵赖者"逃不脱"，并进一步对网络出现的安全问题提供调查依据和手段，实现信息安全的可审查性，一般通过数字签名等技术来实现不可否认性。

第二节　网络安全相关内容

在互联网中，网络安全的概念和日常生活中的安全一样常被提及，而"网络安全"到底包括什么，具体又涉及哪些技术，大家未必清楚，可能会认为"网络安全"只是防范黑客和病毒。其实网络安全是一门交叉学科，涉及多方面的理论和应用知识，除了数学、通信、计算机等自然科学外，还涉及法律、心理学等社会科学，是一个多领域的复杂系统。

网络安全涉及上述多种学科的知识，而且随着网络应用的范围越来越广，以后涉及的学科领域有可能会更加广泛。

一、物理安全

保证计算机信息系统各种设备的物理安全，是整个计算机信息系统安全的前提。物理安全是保护计算机网络设备、设施以及其他媒体，免遭地震、水灾、火灾等环境事故，以及人为操作失误、错误或者各种计算机犯罪行为导致的破坏。物理安全主要包括以下三个方面。

（1）环境安全：对系统所在环境的安全保护，如区域保护和灾难保护。

（2）设备安全：包括设备的防盗、防毁、防电磁信息辐射泄漏、防止线路截获、抗电磁干扰及电源保护等。

（3）媒体安全：包括媒体数据的安全及媒体本身的安全。

二、网络安全

网络安全主要包括网络运行和网络访问控制的安全，如表 1-1 所示。下面对其中的重要组成部分予以说明。

表 1-1　网络安全的组成

网络安全组成	说明
局域网、子网安全	访问控制（防火墙）
	网络安全检测（网络入侵检测系统）
网络中数据传输安全	数据加密（VPN 等）
网络运行安全	备份与恢复
	应急
网络协议安全	TCP/IP
	其他协议

根据网络安全要求，在内部网与外部网之间，设置防火墙实现内外网的隔离和访问控制，是保护内部网安全的最主要措施，同时也是最有效、最经济的措施之一。网络安全检测工具通常是一个网络安全性的评估分析软件或者硬件，用此类工具可以检测出系统的漏洞或潜在的威胁，以达到增强网络安全性的目的。

备份系统为一个目的而存在，即尽可能快地恢复运行计算机系统所需的数据和系统信息。备份不仅在网络系统硬件故障或人为失误时起到保护作用，也在入侵者非授权访问或对网络攻击及破坏数据完整性时起到保护作用，同时还是系统灾难恢复的前提之一。

三、系统安全

系统安全的组成如表 1-2 所示。

表 1-2 系统安全的组成

系统安全组成	说明
操作系统安全	反病毒
	系统安全检测
	入侵检测（监控）
	审计分析
数据库系统安全	数据库安全
	数据库管理系统安全

一般人们对网络和操作系统的安全很重视，而对数据库的安全重视不够，其实数据库系统也是一款系统软件，与其他软件一样需要保护。

四、应用安全

应用安全的组成如表 1-3 所示。应用安全建立在系统平台之上，人们普遍会重视系统安全，而忽视应用安全。其主要原因包括两个方面：一是对应用安全缺乏认识，应用系统过于灵活，需要较高的安全技术。二是网络安全、系统安全和数据安全的技术实现有很多固定的规则，应用安全则不同，客户的应用往往是独一无二的，必须投入相对更多的人力、物力，而且没有现成的工具，只能根据经验来手动完成。

表 1-3 应用安全的组成

应用安全	应用软件开发平台安全	各种编程语言平台安全
		程序本身的安全
	应用系统安全	应用软件系统安全

五、管理安全

安全是一个整体，完整的安全解决方案不仅包括物理安全、网络安全、系统安全和应用安全等技术手段，还需要以人为核心的策略和管理支持。网络安全至关重要的往往不是技术手段，而是对人的管理。

这里需要谈到安全遵循的"木桶原理"，即一个木桶的容积取决于最短的那块木板，一个系统的安全强度等于最薄弱环节的安全强度。无论采用了多么先进的技术设备，只要安全管理上有漏洞，那么这个系统的安全一样没有保障。在网络安全管理中，专家们一致认为是"30%的技术，70%的管理"。

同时，网络安全不是一个目标，而是一个过程，而且是一个动态的过程。这是因为制约安全的因素都是动态变化的，必须通过一个动态的过程来保证安全。例如，Windows 操作系统经常公布安全漏洞，在没有发现系统漏洞前，大家可能认为自己的网络是安全的，实际上系统已经处于威胁之中了，所以要及时地更新补丁。而且从 Windows 安全漏洞被利用的周期变化中可以看出：随着时间的推移，公布系统补丁到出现黑客攻击工具的速度越来越快。

安全是相对的。所谓安全，是指根据客户的实际情况，在实用和安全之间找一个平衡点。

从总体上看，网络安全涉及网络系统的多个层次和多个方面，也是动态变化的过程。网络安全实际上是一项系统工程，既涉及对外部攻击的有效防范，又包括制定完善的内部安全保障制度；既涉及防病毒攻击，又涵盖实时检测、防黑客攻击等内容。因此，网络安全解决方案不应仅仅提供对于某种安全隐患的防范能力，还应涵盖对于各种可能造成网络安全问题隐患的整体防范能力；同时，还应该是一种动态的解决方案，能够随着网络安全需求的增加而不断改进和完善。

第三节　网络安全

一、网络安全威胁

网络安全威胁是指对网络构成威胁的用户、事物、想法、程序等。网络安全威胁来自许多方面，从攻击对象来看，网络安全威胁可以分为人为威胁和非人为威胁。例如，来自世界各地的各种人为攻击（计算机犯罪、信息窃取、数据篡改、线缆连接、计算机病毒、黑客攻击等），又如来自水灾、火灾、地震、意外事故、电磁辐射等非人为威胁，还可能是内部人员使用不当、操作失误等。目前网络安全存在的人为威胁主要表现在以下几个方面。

1. 非授权访问

没有预先经过同意就使用网络或计算机资源被看作是非授权访问，如有意避开系统访问控制机制，对网络设备及资源进行非正常使用，或擅自扩大权限，越权访问信息。非授权访问主要有以下几种形式：假冒、身份攻击、非法用户进入网络系统进行违法操作、合法用户以未授权方式进行操作等。

2. 信息泄露或丢失

信息泄露或丢失是指敏感数据在有意或无意中被泄露出去或丢失，通常包括信息在传输中丢失或泄露（如黑客们利用电磁泄露或搭线窃听等方式可截获机密信息，或通过对信息流向、流量、通信频度和长度等参数的分析，推出有用信息，如用户口令、账号等重要信息），信息在存储介质中丢失或泄露，通过建立隐蔽隧道等手段窃取敏感信息等。

3. 破坏数据完整性

以非法手段窃得对数据的使用权，删除、修改、插入或重发某些重要信息，以取得有益于攻击者的响应，干扰用户的正常使用。

4. 拒绝服务攻击

拒绝服务攻击不断对网络服务系统进行干扰，改变其正常的作业流程，执行无关程序，使系统响应减慢甚至瘫痪，影响正常用户的使用，甚至使合法用户被排斥而不能进入计算机网络系统或不能得到相应的服务。

5. 网络传播病毒

网络传播病毒是指通过网络传播计算机病毒，其破坏性大大高于单机系统，而且用户很难防范。

了解了威胁的一般分类，就可以识别在互联网上发生的各种类型的攻击（Attack）。表 1-4 简要地描述了一些常用的攻击手段。

表 1-4　常用的攻击手段

种类	描述
哄骗（Spoofing）	在网络中一台主机假冒另一个实体，如 IP 欺骗、ARP 欺骗等
监听（Monitor）	在网络中使用嗅探器，读取网络上发送的数据包，这是一种被动的攻击方式
拒绝服务（DoS）	使一台主机无法提供服务，如引起系统的死机
暴力攻击（Brute-Force）	使用反复的尝试来击败身份验证。这些攻击使用包含各种单词和特殊数据的文件，不停地尝试，猜出用户名和密码
特洛伊木马（Trojan）	一种表面行为合法的应用程序，服务或者后台运行的程序，具有隐藏性，实际是用来破坏系统或者窃取信息的
病毒（Virus）	一种被设计用来从一个系统传播到另一个系统的应用程序，具有破坏性
社会工程学（Social Engineering）	利用人性的弱点。结合心理学知识来获得目标系统的敏感信息。例如，可以伪装成工作人员来接近目标系统，通过收集一些个人信息来判断系统密码，网络结构等内容。这种方法和传统方法还是有一些区别的，但是其效率绝对不比传统方法的效率低

二、网络安全防护体系

在网络结构和攻击手段相对简单的网络建设早期阶段，网络安全体系是以防护为主体，依靠防火墙、加密和身份认证等手段来实现的。随着攻击手段的不断演变，监测和响应环节在现代网络安全体系中的地位越来越重要，正在逐步成为构建网络安全体系中的重要部分，不仅包括单纯的网络运行过程中的防护，还包括对网络的安全评估以及使用安全防护技术后面的服务体系，网络安全防护体系如图 1-1 所示。

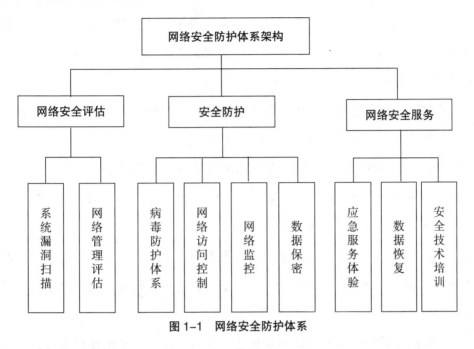

图 1-1　网络安全防护体系

三、数据保密

信息安全技术的主要任务是研究计算机系统和通信网络内信息的保护方法，以实现系统内信息的安全、保密、真实和完整。其中，信息安全的核心是数据保密，一般就是人们常说的密码技术。随着计算机网络不断渗透到各个领域，密码学的应用也随之扩大。数字签名、身份认证等都是由密码学派生出来的新技术和应用。

1. 数据加密

在计算机上实现的数据加密，其加密或解密变换是由密钥控制实现的。密钥（Key）是用户按照一种密码体制随机选取的，通常是一个随机字符串，是控制明文和密文变换的唯一参数。根据密钥类型的不同，现代密码技术可分为两类:一类是对称加密(秘密钥匙加密)系统,另一类是非对称加密(公开密钥加密)系统。

对称加密系统是指加密和解密均采用同一把密钥,而且通信双方都必须获得这把密钥,并保持密钥的秘密。对称加密系统的算法实现速度极快,对称加密系统最著名的是美国数据加密标准(DES)、高级加密标准(AES)和欧洲数据加密标准(IDEA)。对称加密系统最大的问题是密钥的分发和管理非常复杂、代价高昂。

非对称加密系统采用的加密钥匙(公钥)和解密钥匙(私钥)是不同的。由于加密钥匙是公开的,密钥的分配和管理就很简单,比如对于具有 n 个用户的网络,仅需要 $2n$ 个密钥。非对称加密系统当前最著名、应用最广泛的公钥系统是由 Rivet、Shamir、Adelman 提出的(简称 RSA 系统)。非对称加密系统还能够很容易地实现数字签名,因此,特别适合电子商务应用的需要。在实际应用中,非对称加密系统并没有完全取代对称加密系统,这是因为非对称加密系统计算非常复杂,虽然安全性更高,但其实现速度却远小于对称加密系统。

在实际应用中,可利用两者的优点,采用对称加密系统加密文件,采用非对称加密系统加密"加密文件"的密钥(会话密钥),这就是混合加密系统。混合加密系统较好地解决了运算速度问题和密钥分配管理问题。因此,公钥密码体制通常被用来加密关键性的、核心的机密数据,而对称密码体制通常被用来加密大量的数据。

2.数字签名

密码技术除了提供信息的加密解密外,还提供鉴别信息来源、保证信息的完整和不可否认等功能,而这三种功能都是通过数字签名来实现的。

数字签名的原理是将要传送的明文通过散列函数运算转换成报文摘要(不同的明文对应不同的报文摘要),报文摘要用发送方的私钥加密后与明文一起传送给接收方,接收方再用发送方的公钥解密,获得数字签名。同时,接收方将接收的明文产生新的报文摘要，与发送方发来的报文摘要解密比较，结果一致，表示明文未被改动；如果不一致，表示明文已被篡改。

3. 数据加密传输

虚拟专用网（Virtual Private Network，VPN）是现在比较广泛应用的加密传输手段，在公共网络中建立私有专用网络，数据通过安全的"加密管道"在公共网络中传输。虚拟专用网使用公用网连接，像专线一样使用。通过原有的 Internet 服务，就能实现与局域网同等效果的虚拟专用网，主要采用 IPSec 协议与加密技术来实现。

此外，在实际应用中，还有一些其他数据加密设备，如专用数据加密机等。

四、访问控制技术

访问控制技术就是通过不同的手段和策略实现网络上主体对客体的访问控制。在 Internet 上，客体是指网络资源，主体是指访问资源的用户或应用。访问控制的目的是保证网络资源不被非法使用和访问。

访问控制是网络安全防范和保护的主要策略，根据控制手段和具体目的的不同，可以将访问控制技术划分为几个不同的级别，包括入网访问控制、网络权限控制、目录级安全控制以及属性安全控制、访问控制产品等多种手段。

1. 入网访问控制

入网访问控制为网络访问提供了第一层访问控制，控制哪些用户能够登录服务器并获取网络资源，以及允许用户入网的时间和在哪一台工作站入网。用户的入网访问控制可分为 3 个步骤：用户名的识别与验证、用户口令的识别与验证以及用户账号的默认限制检查。如果有任何一个步骤未通过检验，该用户便不能进入网络。但是由于用户名口令验证方式的易攻破性，目前很多网络都开始采用基于数字证书的验证方式。对网络用户的用户名和口令进行验证是防止非法访问的第一道防线。

入网访问控制基本在所有的网络安全设备以及操作系统中都要用到，比如使用操作系统时登录的用户名和密码。

2. 网络权限控制

网络权限控制是针对网络非法操作所提出的一种安全保护措施。能够访问网络的合法用户被划分为不同的用户组，不同的用户组被赋予不同的权限。例如，网络控制用户和用户组可以访问哪些目录、子目录、文件和其他资源。可以指定用户对这些文件、目录、设备执行哪些操作等。这些机制的设定可以通过访问控制表来实现。

网络权限控制在许多网络安全设备、系统中都可以用到，最典型的就是操作系统中的应用，比如操作系统中对用户和组的权限的指派。

3. 目录级安全控制

目录级安全控制是针对用户设置的访问控制，具体为控制用户对目录、文件、设备的访问。用户在目录一级指定的权限对所有文件和子目录有效，用户还可以进一步指定对目录下的子目录和文件的权限。对目录和文件的访问权限一般有 8 种：系统管理员权限、读权限、写权限、创建权限、删除权限、修改权限、文件查找权限以及访问控制权限。

4. 属性安全控制

当使用文件、目录和网络设备时，网络系统管理员应给文件、目录等指定访问属性。属性安全控制在权限安全的基础上提供更进一步的安全性，往往能控制以下几个方面的权限：向某个文件写数据、复制一个文件，删除目录或文件、查看目录和文件、执行文件、隐含文件及共享等。

目录级安全控制和属性安全控制可以通过操作系统中对文件的权限设置来实现。

5. 访问控制产品

访问控制涉及的技术比较广，技术实现的产品的种类很多，既有硬件产品，也有软件产品。目前很多产品在研发时都已经将访问控制技术融入其中。

这里列举几个常见的针对访问控制实现的产品。

（1）防火墙。目前用于网络信息访问保护的有效途径是使用防火墙（Firewall）。在 Internet 中，防火墙被设置于内部网络与外部网络之间，用于限制出入网的访问。防火墙的实现机制有包过滤、应用网关、状态表检查、网络地址翻译和代理服务器等，大部分防火墙都是将这几种机制结合起来使用。

防火墙的防范能力也是有限的。显然，不经过防火墙的信息流是无法受防火墙保护的，即使经过防火墙的信息流也未必完全受防火墙保护。当数据通过电子邮件或复制进来后再运行时，防火墙对之无能为力。

（2）路由器。路由器访问控制列表提供了对路由器端口的一种基本访问控制技术，也可以认为是一种内部防火墙技术。一般路由器访问控制列表的控制功能在于对每个接口控制包的传输，典型的参数包括数据包的源地址、目的地址以及包的协议类型等。

（3）专用访问控制服务器。专用访问控制服务器是基于角色访问控制策略实现的。在角色验证上有两种方式，一种是基于用户名加口令的方式；另一种是基于 PKI 技术的方式。在确认访问者身份的基础上实现对不同访问者的权限控制。基于 PKI 技术的验证方式，在保证实现身份验证和加密传输的同时，还可以实现加密传输的功能。

五、网络监控

网络安全体系的监控和响应环节是通过入侵检测（IDS）来实现的。IDS从网络系统中的关键点收集信息，并加以分析，检测网络中是否有违反安全策略的行为和识别遭受袭击的迹象。作为网络安全核心技术，入侵检测技术可以缓解访问隐患，将网络安全的各个环节有机地结合起来，实现对用户网络安全的有效保障。

入侵检测分为基于主机的入侵检测（HIDS）和基于网络的入侵检测

（NIDS）两种。HIDS 置于被监测的主机系统上，监测用户的访问行为；NIDS 置于被监测的网段上，监听网段内的所有数据包，判断其是否合法。

六、病毒防护

随着病毒种类和数量的迅猛增长，其危害和破坏也越来越大，病毒防护的力度也越来越大。各种病毒防护系统层出不穷，有针对单个主机的防病毒系统，也有针对网络的防病毒系统。

第二章　网络安全理论基础

第一节　影响信息系统安全的因素

影响信息系统安全的因素有以下三个方面。

一、算法及算法语言

算法是精确定义的一系列规则，它指明怎么从给定的输入信息经过有限的步骤产生所需要的输出，算法具有以下 5 个特征。

（1）终止性：算法必在有限步骤内结束。

（2）每一步必有精确定义，而规定是严格无歧义的。

（3）算法在运行前要具备初始信息。

（4）算法一般在终止时有确定的结果，输入和输出信息之间有一定的逻辑关系。

（5）算法的所有作用在一定时间和空间内是可以实现的。

算法语言是描述算法面向解题过程的程序设计语言，算法及算法语言的"算"是广义计算，绝不仅限于算数或数学之算，而是指有规律的计算步骤之集成（符合图灵机模型为基本条件），算法和算法语言在信息安全与对抗领域中之所以重要，在于攻击方与反攻击方都需要它，攻击方有些攻击的得手是通过破坏算法或算法上的优势来达到的。例如，对密码算法而言，掌握新的有效算法就意味着在密码领域有较多优势，可以用来攻破密码的保密性。

二、系统运行管理软件

对于一个较复杂的大型的信息系统，其运行管理软件实质上也是一个复杂的软件系统，它一般由很多子系统整合而成，而子系统中又可再分子系统并再细化为软件模块等。而上述算法又往往是构成软件模块的基础，在不同的信息系统各种专门的系统运行管理软件，往往有专门的名称。

三、协议

协议是指协商议定，共同遵守约束和步骤，用以共同完成某类事物。一个协议完备并起作用，必须具备以下特征。

（1）与协议有关的当事人，必须事先充分了解协议内容，并知道遵照协议执行的具体步骤。

（2）当事人必须严格遵守协议方的入局，并同意接收遵守协议情况的监督。

（3）协议内容本身必须是清楚的，有明确定义，不会由于含混而误解协议内容，对完成事物过程中各种具体情况都应涵盖，而有规定具体动作，协议的步骤有固定执行次序，不能跳越执行，每个步骤包括内容有广义的计算（含定理、认证检测等）及信息传递。

由协议定义可看出，协议涉及的内容非常广泛，在各类信息系统工作时离不开支持其工作运行的各种协议组成的协议子系统，它是信息系统结构中重要软件组成的基础构件之一，也是信息系统运行不可缺少的。信息系统的安全协议是系统协议的重要组成部分，而它本身又包含了各种协议，如利用密码保护信息内容的不泄露，则在系统运行中应首先建立密码运行协议，以保证密码的安全有效运行。此外，非专门为了保证安全而设立安全协议而是其他攻击的协议，但往往需考虑安全因素而包括全信息系统安全的配合措施和功能，这是一种客观的系统特性和需要，这就往往使得信息安全对抗因素的考虑扩散至信息系统的协议体系，所以应建立信息安全对抗的概念，如计算机互联网络的网络层协议 IPV4 建立期间安全对抗问题没有现实严重，因而没有考虑安全因素，那现在就需要更改。

例如，计算机领域中的系统软件，其中操作系统、编译系统都是通用计算机系统软件中的子系统，当计算机组成网络后，网络中的运行管理软件系统又常用网络操作系统；又如，电信网络中很著名的 7 号信令系统实际上是其运行管理软件之一，电信系统开展的各种业务其支持核心是各种相应运行管理软件的建立及融入全系统，其他各类信息系统（特别是大型复杂信息系统）都有各自的运行管理软件系统，它与应用层是密切相联，与应用软件相结合才能形成功能优良、使用方便且安全可靠地发挥应用效能，附带很多功能和技术先进且敏感的信息系统，如卫星通信系统，其关键技术是严格保密而不出售的。

基于信息系统的运行管理软件在信息系统中的客观重要性，在安全领域同样具有重要意义，攻击方一旦控制了被攻击方的运行管理软件，则很大程度上控制了系统运行的多种攻击目的都将较容易达到，即使攻击方达不到很大程度上掌握系统运行软件，但找出其中一些漏洞就可实施相应的攻击。对于信息系统的营运方和使用方（抗攻击方）而言，保持系统运行管理软件正常工作，免遭攻击破坏是件艰难的事。其主要原因：大型软件的正确性，无错误的验证，有的是数学上的 NP 难题，因此漏洞不可能完全避免，漏洞会引致攻击；由于软件本身的复杂性，要全面分析可被利用作为攻击之处，则更是难上加难，因除了复杂性外，还有攻击方式的不可知、不确定性因素，因此追求绝对安全是不可能的，也违反了发展进化，其运行控制权进行病毒的繁殖及破坏作用，而企图设计一种能抗各种病毒之操作系统是不可能的；软件系统的开放性，即要与应用者打交道，而不是孤立封闭状态，攻击者可伪装成应用者与管理运行软件打交道进而待机攻击破坏。

第二节　信息隐藏技术

传统的信息加密方法可以加密文本信息，保证其传输的安全。但是，随着多媒体技术的发展，信息已经不仅局限于文本，许多信息是图形图像和视频格式，基于密码学的传统加密方法就变得不太适用了。这种情况下，就要采用信息隐藏技术。

信息隐藏可将需要保密的信息嵌入一个非机密信息的内容之中，使得它在外观形式上是一个含有普通内容的信息，从而保证信息的安全。本节主要介绍信息隐藏技术的概念、特点和分类方法等内容，并重点介绍信息隐藏技术中的数字水印技术。

现在，多媒体计算机、个人移动通信技术已经走入千家万户，以 Internet 为代表的网络化浪潮更是席卷全球，使得人们获取信息和交流信息越来越方便。由于数字化信息能够通过多种形式在网络上迅速便捷地传输，因而政府、企业及个人逐渐把网络作为主要的通信手段，将大量重要文件和个人信息以数字化形式存储和传输。在这种情况下，网络与信息安全问题变得越来越重要。

随着计算机处理能力的不断加强，计算机所要承载的业务信息量和业务重要等级会越来越高，这使得基于密码学的传统加密方法，需要通过不断增加密钥长度来提高系统密级，此种方法正变得越来越复杂，特别是随着网络多媒体技术的发展，信息已经不仅仅局限于文本，许多信息是图形图像和视频格式，需要认证和版权保护的声像数据也越来越多。这些应用需求正是信息隐藏技术要解决的问题。

一、信息隐藏技术简介

（一）信息隐藏技术的概念

信息隐藏（Information Hiding）也称为数据隐藏（Data Hiding），它是将需要保密的信息（一般称之为签字信号，Signature Signal）嵌入一个非机密信息的内容（一般称之为主信号，Host Signal，或称之为掩护媒体，cover-media）之中，使得它在外观形式上是一个含有普通内容的信息的过程。具体地说，信息隐藏是利用加密技术或是电磁的、光学的、热学的技术措施，改变信息的原有特征，从而降低或消除信息的可探测和被攻击的特征，以达到信息的"隐真"；或是模拟其他信息的可探测和被攻击的特征，仿制假信息以"示假"。

信息隐藏的嵌入过程需要满足下列条件。

（1）签字信号的不可感知性（Imperceptibility）。也就是说，签字信号嵌入后，主信号的感知特性没有明显的改变，签字信号被主信号"隐藏"起来了。

（2）签字信号的鲁棒性（Robustness）：签字信号对主信号的各种失真变换，如失真信号压缩、加噪、AD 或 D/A 转换等都应体现出一定的鲁棒性。除非主信号的感知的特性被明显破坏，否则签字信号很难被去除。

一般来讲，签字信号的嵌入不增加主信号的存储空间和传输带宽。换句话说，嵌入签字信号后表面上很难觉察到信息的改变。

信息隐藏技术不同于传统的加密技术，两者的设计思想完全不同。密码仅隐藏信息的内容，但是对于非授权者来讲，虽然其无法获知信息的具体内容，却能意识到保密信息的存在。而信息隐藏则致力于通过设计精妙的方法，使得非授权者根本无从得知保密信息的存在与否，即不但隐藏了信息的内容而且隐藏了信息的存在。信息隐藏的最大优势在于它并不限制对主信号的存取和访问，而是致力于签字信号的安全保密性。

在我们所使用的媒体中，可以用来隐藏信息的形式很多。数字化信息中的任何一种数字媒体都可以实施信息隐藏，例如，图像、音频、视频或一般文档。

（二）信息隐藏技术的特点

根据信息隐藏的目的和要求，它主要具有以下 6 个特点。

（1）隐蔽性。隐蔽是信息隐藏的基本要求，信息经过一系列隐藏处理手段，从而使其无法让人看见或听见。

（2）安全性。信息隐藏的安全性表现在两个方面：一是能够承受一定程度的人为攻击，使隐藏信息不被破坏；二是将欲隐藏的信息藏在目标信息的内容之中，防止因格式变换而遭到破坏。

（3）免疫性。即经过隐藏处理后的信息不至于因传输过程中的信息噪声、过滤操作因素而导致丢失。

（4）编码纠错性。即隐藏数据的完整性在经过各种操作和变换后仍能很好地恢复。

（5）稳定性。即在进行信息加密隐藏时，信息编码应考虑其变化的可能性，尽可能保持代码系统的稳定性。

（6）适应性。信息隐藏的适应性表现在两个方面：一是指在进行信息隐蔽时，隐蔽载体应与原始载体信息特性相适应，使非法拦截者无法判断是否有隐蔽信息；二是指在进行信息加密时，代码设计应便于修改，以适应可能出现的新变化。

（三）信息隐藏的关键技术

与密码屡遭攻击的情况类似，隐藏信息也会遭到各种恶意攻击。攻击者会从检测隐藏信息、提取隐藏信息和破坏隐蔽信息 3 方面入手加以进行。

因此，信息隐藏技术的关键在于如何处理签字信号（即隐藏信息）的鲁棒性、不可感知性以及所嵌入的数据量三者之间的关系。

衡量信息隐藏算法性能优劣的一般准则为：

（1）对于主信号发生的部分失真，签字信号是否具备一定的鲁棒性。

（2）对于有意或无意的窃取、干扰或去除操作，签字信号是否具备一定的"抵抗"能力，并保证隐藏信息的安全可靠与完整性。

（3）签字信号的嵌入是否严重降低了主信号的感知效果。

（4）数据嵌入量的大小。

对于一个特定的信息隐藏算法来说，它不可能同时在上述的衡量准则中达到最优。

显然，数据的嵌入量越大，签字信号对原始主信号感知效果的影响也会越大；而签字信号的鲁棒性越好，其不可感知性也会越低，反之亦然。由于信息隐藏的应用领域十分宽广，不同的应用背景对其技术要求也不尽相同。因此，有必要从不同的应用背景出发对信息隐藏技术进行分类，进而分别研究它们的技术需求。

（四）信息隐藏技术的分类

信息隐藏技术包含多个学科，应用于多个领域，因此它有多种分类方法。

1. 按处理对象的不同分类

一般来说，如果按照处理对象的不同，信息隐藏技术分为叠像技术、数字水印技术和替声技术3种。

（1）叠像技术。叠像技术指产生 n 张不同含义的胶片（或称之为伪装图像），任取其中 t 张胶片叠合在一起即可还原出隐藏在其中的秘密信息的一种方法。

如果你需要通过互联网向朋友发一份文本，采用叠像技术把它隐藏在几张风景画中，就可以安全地进行传送了。之所以在信息的传递过程中采用叠像技术，是由于该项技术在恢复秘密图像时不需要任何复杂的密码学计算，正常的解密过程相对非法的破密过程要简单得多，人的视觉系统完全可以直接将秘密图像辨别出来。

叠像技术是一门技巧性学问，目前正在向实用化方向发展。

（2）数字水印技术。数字水印技术作为一种在开放的网络环境下保护版权的新型技术，可用来确认版权的所有者，识别购买者或提供关于数字内容的其他附加信息，并将这些信息用人眼不可见的形式嵌入数字图像、数字音频或视频序列中，从而确认所有权及跟踪盗版行为。此外，数字水印在数据分级访问、证据篡改鉴定、数据跟踪和检测、商业与视频广播、互联网数字媒体服务付费以及电子商务中的认证鉴定方面也有广阔的应用前景。与通常的隐藏技术相反，数字水印中的隐藏信息能抵抗各类攻击。即使水印算法公开，一般来说攻击者要毁掉水印也十分困难。

（3）替声技术。与叠像技术很相似，替声技术是通过对声音信息的处理，使得原来的对象和内容都发生改变，从而达到将真正的声音信息隐藏起来的目的。替声技术可以用于制作安全电话，使用这种电话可以对通信内容加以保密。

2. 按应用背景的不同分类

根据应用背景的不同，信息隐藏技术分为 3 类。

（1）版权保护。信息隐藏技术应用于版权保护时，所嵌入的签字信号被称作"数字水印"。数字水印通常分为"鲁棒型水印"和"脆弱型水印"两种，版权保护一般采用的是"鲁棒型水印技术"，而所嵌入的签字信号则相应地称作"鲁棒型水印"。需要说明的是，通常说到"数字水印"时一般多指鲁棒型水印。鲁棒型水印所需嵌入的数据量最小，但对签字信号的安全性和鲁棒性要求却最高，甚至是十分苛刻的。

由于鲁棒型水印是用于确认主信号的原作者或版权的合法拥有者的，因而必须能够实现对原始版权准确无误的标识。同时，面对用户或侵权者有意甚至是恶意的破坏，鲁棒型水印技术必须能够在主信号可能发生的各种失真变换，以及各种恶意攻击下都具备很高的抵抗能力。另外，鲁棒型水印的不可见性要求也很高，这样才能保证原始信号的感知效果不被破坏。

总之，如何设计一套完美的数字水印算法来实现真正实用的版权保护方案，是信息隐藏技术最具挑战性也最具吸引力的课题之一。

（2）数据完整性鉴定。数据完整性鉴定，或叫数据篡改验证，是指对某一信号的真伪或完整性进行判别，并进一步指出该信号与原始真实信号的差别。通俗说，假定接收到一个多媒体信号 g（图像、音频或视频信号），初步判断它很可能是某一原始真实信号 f 的修改版本，数据完整性鉴定的任务是在对原始信号 f 的具体内容不知道的情况下，以最大的可能判断 g 是否等于 f。

一种具体的数据篡改验证方法要想达到实用的程度，需要满足以下要求：

① 提供对篡改后信号失真程度的度量方法；

② 以最大的可能指出是否有某种形式的篡改操作发生；

③ 如果无从得知原始真实信号的内容或其他与真实信号内容相关的信息，那么该验证方法应能判断可能发生的篡改操作的具体类别，如判别是滤波、压缩，还是替代操作等，同时，根据具体的应用背景，数据篡改验证方法对经篡改后的信号给出相应的可信度；

④ 不需要维护和同步操作任何与原始信号相分离的其他附加数据就能恢复和重建原始真实信号。

数据篡改验证通常采用"脆弱型水印"技术。该水印技术通过在原始真实信号中嵌入某种标记信息，然后鉴别这些标记信息的改动，从而实现对原始数据完整性检验的目的。针对数据完整性鉴定和版权保护两种不同的应用领域，脆弱型水印与鲁棒型水印的要求也不相同。实际使用中，脆弱型水印应随着主信号的变动而做出相应的改变，即体现出脆弱性。不过，脆弱型水印的脆弱性并不是绝对的。对于主信号的某些必要性操作（如修剪或压缩等），脆弱型水印也应体现出一定的鲁棒性，这样才能将一些不影响主信号最终可信度的操作与那些蓄意破坏的操作区分开来。另外，在不可见性和所嵌入数据量的要求上，脆弱型水印与鲁棒型水印是近似的。

（3）扩充数据的嵌入。扩充数据包括对主信号的描述或参考信息、控制信息以及其他媒体信号。描述信息可以是特征定位信息、标题或内容注释信息，而控制信息的作用在于可实现对主信号的存取控制和监测。例如，一方面给不同所有权级别的用户授予不同的存取权限，另一方面也可通过嵌入"时间印章"信息来跟踪某一特定内容对象的创建、使用以及修改的历史。这样，通过信息隐藏技术便可记录这一对象的使用操作历史信息，而无须在原信号上附加文件（因为使用附加文件容易被改动或丢失，同时还需要更多的传输带宽和存储空间）。

相对于数字水印来讲，扩充数据的嵌入需要更大的数据隐藏量，这对签字信号的不可见性提出了挑战。另外，扩充数据嵌入技术也应具备一定的鲁棒性，这样才能抵抗一些针对主信号的尺度变换、剪切或对比度增强等操作，特别是失真编码。

根据隐藏数据的嵌入方法不同，信息隐藏技术可分为变换域嵌入和直接在空域上嵌入两类。另外，根据检测过程中是否需要无隐藏数据的原始主信号，信息隐藏技术分为盲提取和非盲提取两类。由于信息隐藏技术中数据的嵌入与数据的检测或提取之间存在着天然的依赖关系，因此数据恢复的可能性是设计嵌入算法时必须考虑的一个因素。如果数据检测时没有嵌入签字信号的原始主信号是已知的，那么只要所设计的嵌入算法可逆，同时依赖一定的信号检测技术，在理论上就可以保证检测算法的成功性。但是，如果该原始主信号未知，那么设计信息隐藏的检测或提取算法时就会相当复杂。这种情况下，除了需要利用信号检测技术外，还依赖于信号估计和预测技术，以及巧妙的算法设计策略。

二、数字水印技术简介

（一）数字水印技术的概念

数字水印是一种通过一定的算法将一些标志性信息直接嵌入多媒体内容

当中，但不影响原内容的价值和使用，并且不能被人的知觉系统觉察或注意到，只有通过专用的检测器或阅读器才能提取出来的技术。其中，嵌入多媒体内容当中的水印信息可以是作者的序列号、公司标志、有特殊意义的文本，这些信息用来识别文件、图像或音乐制品的来源、版本、原作者、拥有者、发行人、合法使用人等，从而证明他们对数字产品的拥有权。与加密技术不同的是，数字水印技术并不能阻止盗版活动的发生，但是可以通过它判别对象是否受到保护，并监视被保护数据的传播过程，提供真伪鉴别服务，从而为解决版权纠纷提供证据。

数字水印技术中，水印的数据量和鲁棒性是一对基本的矛盾。理想的水印算法应该既能隐藏大量数据，同时也可以抵抗各种信道噪声和信号变形。然而，在实际使用中，这两个指标不能同时实现，一般只能偏重其中的一个方面。如果是为了隐蔽通信，那么数据量显然是最重要的。由于通信方式极为隐蔽，因而遭遇敌方篡改攻击的可能性很小，对鲁棒性的要求也就不用很高。但是，保证数据安全时的情况恰恰相反。此时，各种保密数据随时面临着被盗取和篡改的危险，所以鲁棒性是十分重要的，而隐藏数据量的要求居于次要地位。

一般数字水印的通用模型包括嵌入和检测提取两个阶段。在生成数字水印的阶段，制定嵌入算法方案的目标是使数字水印在不可见性和鲁棒性之间找到一个较好的折中。在检测数字水印的阶段，制定验证算法方案的目标是设计一个相应于嵌入过程的检测算法，使错判与漏判的概率尽量减小。检测的结果可能是原水印，也可能是基于统计原理的检验结果以判断水印存在与否。

为了给攻击者增加去除水印的难度，目前大多数水印制作方案在加入、提取时采用了密钥，只有掌握密钥的人才能读出水印。

（二）数字水印技术的分类

数字水印技术根据不同的角度有不同的划分方法。

1. 按数字水印所附载的媒体划分

按水印所附载的媒体，数字水印分为图像水印、音频水印、视频水印、文本水印以及用于三维网格模型的网格水印。

2. 按数字水印的特性划分

按水印的特性，数字水印分为鲁棒型数字水印和脆弱型数字水印。鲁棒型数字水印主要用于在数字作品中标识著作权信息，它要求嵌入的水印能够经受住各种常用的编辑处理；脆弱型数字水印主要用于完整性保护，它必须对信号的改动很敏感，人们根据脆弱型水印的状态判断数据是否被篡改过。

3. 按数字水印的内容划分

技水印的内容，数字水印划分为有意义水印和无意义水印。有意义水印是指水印本身也是某个数字图像或数字音频片段的编码；无意义水印则只对应于一个序列号。有意义水印如由于受到攻击或其他原因致使解码后的水印破损，人们仍然可以通过视觉观察确认是否有水印。但对于无意义水印来说，如果解码后的水印序列有若干码元错误，则只能通过统计决策来确定信号中是否含有水印。

4. 按数字水印隐藏的位置划分

按水印的隐藏位置，数字水印划分为时域数字水印、频域数字水印、时 / 频域数字水印和时间 / 尺度域数字水印。时域数字水印是直接在信号空间上叠加水印信息，而频域数字水印、时 / 频域数字水印和时间 / 尺度域数字水印则分别是在 DCT 变换域、时 / 频变换域和小波变换域上隐藏水印。随着数字水印技术的发展，各种水印算法层出不穷，水印的隐藏位置也不再局限于上述 4 种。实际上只要构成一种信号变换，就有可能在其变换空间上隐藏水印。

目前已有的数字水印算法主要包括以下几种。

（1）最低有效位算法（LSB）。最低有效位算法是一种典型的空间域数据隐藏算法，通过调整原始数据的最低几位来隐藏信息，一般用户对于隐藏信息在视觉和听觉上很难察觉。

（2）文档结构微调方法。文档结构微调方法是一种通过轻微调整文档中的垂直行距、水平字距、文字特性结构来实现在通用文档图像中隐藏特定二进制信息的技术。该算法可以抵抗一些标准的文档操作，如照相复制和扫描复制，但该技术也极易被经验丰富的攻击者破坏，仅适用于文档图像。

（3）Patchwork方法。Patchwork方法是一种基于统计的数据水印嵌入方案。它的实现步骤是：任意选择 N 对图像点，在增加一点亮度的同时，相应降低另一点的亮度值，通过这一调整过程完成水印的嵌入。该方法具有不易察觉性，并且对于有损压缩编码（JPEG）和一些恶意攻击处理具有很好的抵抗力。

（4）频率域数字水印方法。频率域数字水印方法是用类似扩频通信的技术来隐藏数据的一种方法。该技术首先将隐藏信息经过一定的频率域调制，然后隐藏到数字媒体的感知最重要的频谱成分中去。这种方法可以抗击有损压缩编码，以及其他一些具有信号失真的数据处理过程。

数字水印技术是一种横跨信号处理、数字通信、密码学、计算机网络等多学科的新兴技术，目前来说作为一个技术体系它尚不完善，每个研究人员的介入角度各不相同，所以研究方法和设计策略也各不相同；但都是围绕着实现数字水印的各种基本特性进行设计的。同时，随着该技术的推广和应用的深入，一些其他领域的先进技术和算法也将被引入，从而充实和完备数据水印技术。

（三）数字水印技术的应用领域

1. 数字作品的知识产权保护

版权标识水印是目前研究最多的一类数字水印。

由于数字作品的拷贝、修改非常容易，而且可以做到与原作品完全相同，所以原创者不得不采用一些严重损害作品质量的办法来加上版权标识，可是这种明显可见的标志很容易被篡改。

采用数字水印技术后，数字作品的所有者可用密钥产生一个水印，并将其嵌入原始数据中，然后公开发布其水印版本作品。当该作品被盗版或出现版权纠纷时，所有者即可从盗版作品成水印版作品中获取水印信号作为依据，从而保护所有者的权益。

2. 商务交易中的票据防伪

随着高质量图像输入输出设备的发展，特别是高精度彩色喷墨、激光打印机和高精度彩色复印机的出现，使得货币、支票以及其他票据的伪造变得更加容易。因此，美国、日本以及荷兰开始研究用于票据防伪的数字水印技术。麻省理工学院媒体实验室受美国财政部委托，开始研究在彩色打印机、复印机输出的每幅图像中加入唯一的、不可见的数字水印，在需要时实时地从扫描票据中判断水印的有无，从而快速识别真伪。

此外，在电子商务中会出现大量过渡性的电子文件，如各种纸质票据的扫描图像。即使在网络安全技术成熟以后，各种电子票据仍然需要一些非密码的认证方式。数字水印技术可以为各种票据提供不可见的认证标志，从而大大增加了伪造的难度。

3. 标题与注释

即将作品的标题、注释等内容以水印形式嵌入作品中，这种隐式注释不需要额外的带宽，而且不易丢失。

4. 篡改提示

基于数字水印的篡改提示，通过识别隐藏水印的状态来判断声像信号是否已被篡改。为实现这个目的，通常可将原始图像分成多个独立块，再将每个块加入不同的水印。同时，可通过检测每个数据块中的水印信号来确定作品的完整性。与其他水印不同的是，这类水印必须是脆弱的，并且检测水印信号时不需要原始数据。

5. 使用控制

这种应用的一个典型的例子是 DVD 防拷贝系统，即将水印信息加入 DVD 数据中，这样 DVD 播放机便可通过检测 DVD 数据中的水印信息而判断其合法性和可拷贝性，从而保护制造商的利益。

6. 隐蔽通信及其对抗

数字水印所依赖的信息隐藏技术提供了非密码的安全途径，可以实现网络情报战的革命。网络情报战是信息战的重要组成部分，其核心内容是利用公用网络进行保密数据传送。由于经过加密的文件是混乱无序的，容易引起攻击者的注意。网络多媒体技术的广泛应用使得利用公用网络进行保密通信有了新的思路，利用数字化声像信号相对于人的视觉、听觉冗余，进行各种信息隐藏，从而实现隐蔽通信。

（四）数字水印技术在我国的发展

古老的密写术衍生出来的数字水印技术，具有巨大的潜在应用市场，对它的研究具有重要的学术价值和经济价值。

作为一个前沿研究领域，数字水印技术与信息安全、数据加密等均有密切的关系。特别是在网络技术和应用迅速发展的今天，数字水印技术的研究更具现实意义。

总之，现代社会对信息的依赖性愈来愈强。包含数字水印技术在内的信息隐藏技术是一个崭新的研究领域，有许多尚未触及的研究课题。可以预见，随着信息技术的飞速发展，在未来的信息化战争中，信息隐藏这一新兴技术必将成为克敌制胜的重要利器。

第三节　网络安全中的个性信息

一、网络安全中的个性信息主要分类

（1）主体物理个性的信息变换及表征类，主体物理个性是指物理特性具有的个性，当其用信息表征（或经变换后表征）同样具有个性（特殊性）时构成了个性信息与主体物理之间映射时，个体信息便能完全代表该物理个性，如利用人的虹膜、指纹、DNA 排列等。

（2）在关系相互作用中形成主体个性之信息表征，如在比较中形成的排序、多因素与结果、置换结果、竞争结果等的信息表征。

（3）为某些运动中某些需要个性之信息表征，如个人签名、化名等。

二、个性信息之防攻击重要类型

（1）个性信息的冒名顶替：常发生在个性信息与原关联体事物发生了分离的场合。

（2）个性信息的非法窃取：常发生在对非法窃取者用正常行为不到的非常重要个性信息的场合。

（3）个性信息的伪造：为某种目的制造伪个性信息。

（4）个性信息的破坏：破坏原个性信息的作用。

（5）个性信息的抵赖：可能借冒名顶替伪造的名义。

（6）不可鉴定性：防抵赖、防伪造、保证可利用性的重要属性。

第四节　博弈论在网络安全中的应用

一、博弈论的产生和发展概述

博弈论的出现和发展是一个逐渐演变的过程，虽然对具有策略依存特点的决策问题的零星研究可追溯到 18 世纪初甚至更早，当时有学者提出了已知是最早的两人博弈的极小化极大混合策略解，还有学者在之后提出了博弈论最经典的模型。但博弈论真正的发展是在 20 世纪，而且至今仍然是一门新兴的发展中的学科。

20 世纪初期是博弈论的萌芽阶段，研究对象主要是从竞赛与游戏中引申出来的严格竞争博弈，即二人零和博弈（Two Person Zero-sum Games）。这类博弈不存在合作或联合行为，对弈双方的利益严格对立，一方所得必意味着另一方的等量损失。此时，关于二人零和博弈理论有丰硕的研究成果，如博弈扩展型策略、混合策略等重要概念，以及泽梅罗定理与冯·诺伊曼的最小最大定理等重要定理和提出，为日后研究内容的拓展与深化奠定了基础。

20 世纪 50 年代，博弈论取得了突破性的成果。纳什为非合作博弈的一般理论奠定了基础，提出了博弈论中最为重要的概念——纳什均衡，开辟了一个全新的研究领域。在这个阶段，不但非合作博弈理论发展起来，而且合作博弈理论也得到进一步发展。博弈论的研究队伍开始扩大，兰德公司在圣莫尼卡开业，在随后的许多年里，这里成为博弈论的研究中心。

后来，经济学逐渐成为博弈论最重要的应用领域。纳什在 20 世纪 50 年代初期对博弈论的发展，在经济学乃至整个社会科学领域内被认为是里程碑式的。尤其是纳什均衡概念的提出，其价值无异于在生物学中发现了 DNA，但直到 20 世纪 70 年代初，人们才逐渐认识到纳什当时在数学分析中所给出的均衡概念——纳什均衡，这是一项多么有意义的工作。

20 世纪 60 年代是博弈论的成熟期。不完全信息与非转移效用联盟博弈的提出，使博弈论变得更具广泛应用性。常识性的基本概念得到了系统阐述与澄清，博弈论形成了完整而系统的体系。更重要的是，博弈论与数理经济及经济理论建立了牢固而持久的关系。例如，等价性原理说明，经济理论中竞争市场的价格均衡与博弈论中相应博弈的重要解概念之间存在对应关系。

20 世纪 70 年代以后，博弈论在所有研究领域都得到重大突破。博弈论开始对其他学科的研究产生强有力的影响。计算机技术的飞速发展使得研究复杂与涉及大规模计算的博弈模型发展起来。在理论上，博弈论从基本概念到理论推演均形成了一个完整与内容丰富的体系，像随机策略这样的概念得到了重新解释。特别是 20 世纪 80 年代以后兴起的进化博弈论，代表着博弈论的一个重要发展方向。在应用上，政治与经济模型有了深入研究，非合作博弈理论被应用到大批特殊的经济模型中。同时，博弈论被应用到生物学、计算机科学、道德哲学等领域。

二、进化博弈论的兴起

尽管非合作博弈论的应用前景为多数经济学家所看好，然而，美中不足的是一个博弈往往有许多个纳什均衡。在二人零和博弈中，这还不存在什么实质问题，因为这时所有的纳什均衡是互换的（Interchangeable），并且支付也相当（Equivalent）。但是，在多人博弈中，均衡的选择问题就不那么好解决了。当存在许多个均衡时，若某个纳什均衡一定会被采用，则必须存在某种能够导致每个局中人都预期到的某个均衡出现的机制。然而，非合作博弈论的纳什均衡概念本身却不具有这种机制，否则就不会有多个均衡存在了。正是由于这种多重纳什均衡的存在，人们发现在用非合作博弈论分析研究现实问题时，均衡并不比非均衡占有优势，这对那些一心想把博弈论广泛应用到各个领域的人来说是一个不小的打击。

起初，人们试图通过对纳什均衡的精练（Refining）来处理解决这个问题，认为纳什均衡是理想的理性行为人推理出唯一可行的结果；因而根据理性概念的意义，如果一些纳什均衡为不合意均衡的话，这些纳什均衡就将被舍弃掉。然而，由于不同的博弈论专家根据他们自己的需要提出不同的理性定义，以致最后几乎所有的纳什均衡都以某人或其他人的精练观点被证明是合理的，从而使精练失去本身的意义。这样，博弈论的发展终于碰到了所有经济学理论的共同难题——人类的"理性"。

其实，早在 20 世纪 50 年代，有人提出了一种"进化均衡"的思想。认为即使不把行为主体看作是理性的，但来自社会的进化压力、自然淘汰的压力（Evolutionary Pressure）也促使每个行为主体采取最佳最合意的行动，从而也能进化到均衡。阿尔钦的这种进化观点，不仅为新制度经济学研究制度的自然选择问题，而且它也为后来进化博弈理论的发展提供了丰富的思想。到了 20 世纪 80 年代，梅纳德·史密斯（Maynard Smith）正式提出了"进化博弈"的理论。他与普赖斯（Price）一道给出了"进化稳定策略"（Evolution-ary Stable Strategy，ESS）概念，并宣称观察到的动物和植物的进化过程，可以通过适当定义的博弈纳什均衡来解释气生物界中的动物和植物的行为可以说是不经过思考的，甚至一些有意识或无意识的行为选择最多也只是出自本能的直觉，根本无法与人类的理性相比，但是它们的行为最终却是趋于纳什均衡水平。实验经济学的一些研究成果也证实了，有时候人的理性思考并不是人们所认为的那么重要。人们在寻求一个博弈的均衡时，可能常常使用试错的方式（Trial-and-error Methods）来达到他们的目的。梅纳德·史密斯和普赖斯独辟蹊径，把人们的注意力从企图构造日益精细但仍未能完全解决理性基础缺陷的理性定义中解放出来，从另外一个角度着手为博弈理论的研究寻找到可能的突破口，成为进化博弈论的理论先驱者。

进入 20 世纪 90 年代以后，在博弈论的研究中，人们逐步放弃对行为主体所做的纯粹理性或完全理性（Full Rationlity）假设。新的研究方法认为，博弈均衡的选择是动态调整的结果，强调行为主体的一次性决策选择难以实现特定的均衡。这种动态的调整过程可快可慢，同生物与社会的进化相类似。行为主体从一种优势策略向另一种优势策略的转化机制是模仿（Imitation），这种转化可以是即时瞬间的，也可以是漫长进化的。对于各种不同类型的非理性行为，总存在着一定的进化压力或自然淘汰力。并且，对于不同的非理性行为，这种进化压力是非常不一样的。可能对某一种非理性行为而言它的强度比较弱，但对其他的非理性行为却是很大的，以至于在这种压力对第一种类型的行为有一种更大影响的机会之前，它可能已打破了行为人之间的某种均衡体系了。因此，在某些特殊的博弈局势中，弱劣策略不一定能被剔除，极端情况下甚至强劣策略还会存活下来。

进化博弈论告诉我们，历史与制度因素也是不能被忽视的。对于生物学而言，这并不是个问题，因为基因的遗传与地理地貌的自发事件都是没有经过理性思考的事实。经济学家们发现，如果行为主体有不同的经历，或生活在不同的社会，或在不同的行业，那么，即使在同一个博弈局中，博弈也会有不同的分析结果。有时候，我们会发现不理会这些顾虑的一些理论反而要比那些考虑周全的理论更有优势，因为人们用很少的数据就能产生预测，这应该是好理论的一个特征之一。然而，毫无疑问的事实是，均衡过程的某些细节会对均衡的选择有很大的影响，正如生物学上的进化过程存在着"路径依赖"一样，因此，进化博弈论要求人们从抽象建模转向"具体问题具体分析"。这无疑是一种方法论上的回归。当然，进化博弈论目前还刚刚起步，关于它人们还有许多工作要做。

三、网络攻防博弈理论

随着计算机日新月异的发展，计算机网络应用日趋广泛，计算机网络的安全问题也越来越被人们所重视，构建一个安全的计算机网络防御体系是维护国家安全和保障国防科技工业网络安全所面临的迫切需要解决的问题。与此同时，较多经济学方面的思想被引入这个领域之中，博弈论由于其在决策和控制领域的重要作用而被更多的研究人员所重视，计算机方面的研究人员基于博弈理论在资源分配、任务调度、算法研究等领域进行研究，取得了相当的成绩，计算机安全方面的研究人员也从博弈理论中获得灵感，博弈论在安全领域的研究逐渐成为安全领域研究一个新兴的热点。

针对现有的安全系统是以入侵识别和检测为核心、基于 PDRR 模型的第二代网络安全，同时由于入侵检测只是能够识别攻击（Attack），而不能识别攻击者的意图和行动。本领域的研究者基于博弈思想针对网络攻防展开了广泛而深入的研究，并取得了一定的成果。

一些研究人员将计算机网络攻防看成是攻防双方的博弈的过程，基于这种思想，将网络攻防双方作为博弈的参与者，从而得出对于防御方防御策略的结果或者对于系统安全性的分析。

现有 IDS 存在着误报率较高和检测结果不完全等方面的问题，同时作为一个入侵检测系统，当应对有组织或者有步骤的攻击时，缺乏一个智能的决策系统在攻击的早期就得出攻击者可能的行为和目的，而只能在攻击发生之后采取被动的响应，从而出现决策时间上的滞后，同时由于需要通过人的介入来调整策略，也存在结果的不可控。

针对这一问题，本领域的研究人员研究博弈论在入侵检测和响应中的应用，希望借助于这方面的研究成果能够为智能决策系统提供理论上的支持。卡内基梅隆大学（CMU）的研究人员提出了一种博弈论的方法来分析计算机网络的安全性，将攻击者与网络管理人员建模为两个参与者的随机博弈，并且为这样一个博弈建立了一个模型，使用非线性规划计算出了纳什均衡，从而得出最佳的防御方策略。有人认为现有网络安全中，入侵检测技术部署的数量和对于系统本身功能的提供存在冲突，入侵检测技术部署越多，对于数据包的处理越多，相应的额外的开销越大，对于系统本身性能的影响也越大。

纽约贝尔实验室的研究人员出了一种博弈框架用于建模，参与者为攻击者和服务的提供者，同样考虑到入侵检测与服务提供的矛盾问题，研究人员将一个攻击成功的标志定义为一个恶意的数据包能否到达目标节点，在此框架之下攻击者需要寻找一条安全的路径来躲避防御方在其上的检测，而防御方则要决定在哪些可能的链路上进行取样，在对系统性能损耗最小的情况下提供对攻击者攻击捕获的概率，该模型是一个零和博弈模型，攻击者的得益就意味着防御者的损失，反之亦然。

作为一个智能的决策系统需要对攻击者可能的行为进行很好的预测，部分研究在相关领域展开，相关研究人员使用一个简单的单个参与者的博弈，在他们的 FRIARS 计算机防御决策系统对自动攻击的自动反应。因为它是一个单个参与者的博弈，其实现更像是一个马尔可夫决策问题；挪威科技大学的研究人员使用随机博弈模型来分析攻击者下一步所采取的可能的攻击行动，研究人员认为为了正确地评判一个系统的安全性，任何一个概率模型都需要合并攻击者的行为，原有的工作大都是基于马尔可夫过程，或者最短路径算法，这两种算法都没有考虑到攻击者，攻击者攻击的时候可能不只是考虑攻击成功后的收益，同时还会考虑当一个攻击者的攻击被检测或者反应时候攻击者可能受到的影响。

第五节　新的信息系统理论

一、自组织理论

自组织理论由普利高津提出"耗散结构理论"、哈肯的"协同学"理论、托姆的"突变论"、艾根和舒斯特尔提出的"超循环理论"等共同组成。

耗散结构理论是在 20 世纪 60 年代末首先提出的，耗散结构是自组织现象中的重要部分，它是一个远离平衡态的非线性的开放系统，通过不断与外界交换物质和能量，在系统内部某个参量的变化达到一定的阈值时，根据涨落情况，系统可能发生突变即非平衡相变，由原来的混沌无序状态转变为一种在时间上、空间上或功能上的有序状态。这种在远离平衡的非线性区形成的新的稳定的宏观有序结构，由于需要不断与外界交换物质或能量才能维持，因此称为耗散结构。

协同学是研究由完全不同性质的大量子系统（如电子、原子、分子细胞、神经元、力学元光子、器官、动物乃至人类）所构成的各种系统，以及这些子系统是通过怎样的合作才在宏观尺度上产生空间、时间或功能结构的，特别是以自组织形式出现的那类结构。

哈肯用协同理论对物理学、化学、电子学、生物学、计算机科学、生态学、社会学、经济学等学科中存在的现象进行分析，发现相似的结果：系统都是由大量子系统所组成。当某种条件（"各种控制"）改变时，甚至以非特定的方式改变时，系统便能发展为宏观规模上的各种新型模式。

自组织理论认为社会经济系统演化的根本力量在于系统内部的自组织力量，在远离平稳态的外界交换物质、能量和信息，有可能产生负熵流，形成新的结构，使系统由混乱走向有序。这种"根据涨落情况达到有序"原理，不仅适用于物理系统和化学系统，而且对其他开放的复杂系统，包括生物和社会系统等，均具有普遍的适应性。

自组织理论仍处于发展之中，但已在物理、化学、生物和社会学等各个系统中得到了广泛的运用。

（一）自组织的内涵形式与识别

自组织的内涵涉及系统与组织等概念。系统是指由部分组成的且具有整体特性的事物及事物存在的形成与规则等，系统中的整体特性是强调部分之间通过内在联系与规则可以发挥更大的功能，即通常所说的1+1>2。组织的概念包括两种含义：一是做名词解，是指某种现存事物的有序存在方式，即事物内部按照一定结构和功能关系构成的存在方式，组织作为一种存在方式，一定是一种系统；二是做动词解，组织是指事物朝向空间、时间或功能上的有序结构演化的过程，也称为"组织化"。

近代著名的哲学家康德从哲学视角对自组织的内涵进行了界定，他认为自组织的自然事物具有这样一些特征：它的各部分既是由其他部分的作用而存在，又是为了其他部分为了整体而存在的，各部分交互作用，彼此影响，并由于它们之间的因果联结而产生整体，只有在这些条件下而且按照这些规定，一个产物才能是一个有组织的并且是自组织的物，而作为这样的物，才称为一个自然目的。系统理论家阿希贝从自组织产生的过程对其内涵进行了界定，他认为自组织有两种含义：一是组织的从无到有；二是组织的从差到好。协同理论创始人哈肯从自组织产生动力的视角进行了界定，他认为如果一个系统在获得空间的、时间的或功能的结构过程中，没有外界的特定干涉，我们便说系统是"自组织的"。这里的"特定"是指那种结构或功能并非外界强加给系统的，而且外界实际是以非特定的方式作用于系统的。在自组织概念基础上，从事物本身如何组织起来的方式把组织化划分为"自组织"与"被组织"，认为被组织是指如果系统在获得空间的、时间的或功能的结构过程中，存在外界的特定干预，其结构和功能是外界加给系统的，而外界也以特定的方式作用于系统。例如，钟表就是一个被组织系统而不是自组织系统，因为它的某些部分不能自产生、自繁殖、自修复，需要依赖于外在的钟表匠。

可见，系统、组织与自组织等概念有着内在的联系，组织可看作是一个系统，自组织是系统演化过程中呈现出来的一个重要的内在特征，是指系统在"由无到有"或"从差到好"的演化过程中，由系统内部各要素（子系统）的相互作用而非外在作用而产生的。

一个系统在形成自组织的过程中会存在着自创生、自生长、自复制与自适应等多种形式。

1. 自创生

自创生是指在没有特定外力干预下系统从无到有地自我创造、自我产生，形成原系统不曾有的新的状态结构、功能。自创性可以通过对自组织过程中形成的新状态与原有的旧状态对比的角度来进行分析，如果新的结构和功能是自组织过程前系统不存在的可称为自创生。

2. 自生长

自生长是指新系统中的构成要素不断增加或规模不断增大，它从系统整体层面对系统自组织过程中所形成的状态随着时间演化进行描述。

3. 自复制

自复制（自繁殖）是指系统在没有特定外力作用下产生与自身结构相同的子代。子系统具有自复制功能才能使系统在自组织过程中形成有序状态得以保持下去，因此，自复制是系统得以存在且继续发展的根本保证。

4. 自适应

自适应是考虑新系统在与外界进行能量、物质与信息交换的过程中，系统通过自组织过程适应环境而出现新的结构、状态或功能。自适应与自创生都是对整个自组织过程的分析，二者的区别在于自创生强调系统内部的相互作用，而自适应则强调系统与环境的相互作用，如果系统能够依靠自己的力量随着环境的变化而维持系统的稳定性，就是自适应。当外部环境发生较大变化时，如果系统不能够通过自身变化来维持系统的稳定性，就会导致系统结构的破坏，从而又会形成新的系统。

系统在获得新的结构与功能的过程中，会表现出一些新的特征，通过对这些特征的判断，可以更好地理解自组织的过程。

熵值判断法。熵是德国物理学家克劳修斯（Clausius）在19世纪50年代提出的，用来指任何一种能量在空间中分布的均匀程度，其物理意义代表着系统的无序程度，熵越大，意味着系统的无序程度就越大，反之则越小。根据热力学第二定律，在孤立的系统中，即与外界没有信息物质与能量交换的系统中，熵值 $d_i S$ 是大于或等于零的数值，即熵增原理。普利高津进一步把孤立的系统推广到一个开放的系统，总熵值 dS 分成两个部分，即 $dS = d_i S + d_e S$。其中，$d_i S$ 代表系统内的熵产生，$d_i S \geq 0$；$d_e S$ 代表系统在同外界发生能量和物质交换的过程中所产生的熵流，其值可正可负。当其值为负值时表示负熵流，即促进系统向有序方向发展。

在系统开放的条件下，当总熵值 $dS>0$，表示系统在与外界进行信息、物质与能量的交换过程中，系统的无序程度较大，即系统自组织程度减少。相反，当总熵值 $dS<0$，表示自组织程度的增加。这样通过判断总熵值的变化来判断系统的自组织程度。但用熵值来判断自组织性具有很大局限性，不仅要求对象能够作为热力学系统来研究，而且只有在能够给出总熵值 dS 的可计算数学形式时才有实际意义。

序参量判断法。在系统演化过程中存在的多种变量，哈肯把系统变量分为快变量和慢变量两类，不同变量的状态值不同，其中只有少数变量（慢变量）在系统处于无序状态时其值为零，随着系统由无序向有序转化，这类变量从零向正值变化或由小向大变化。

这些变量像一只"无形的手"，使得单个子系统自行安排起来。哈肯把这只使得一切事物有条不紊地组织起来的无形之手称为"序参量"。它是宏观变量，反映新结构的有序程度，是系统内部大量子系统相互竞争和协同的产物，而不是系统中某个占据支配地位的子系统。

序参量具有以下几个方面的特征：

（1）异质性。不同系统具有不同的序参量。例如：在激光系统中，光场强度就是序参量；在化学反应中，取浓度或粒子数为序参量；等等。因此，在分析不同学科时，应根据序参量的特征进行具体分析与识别。

（2）可衡量性。序参量是具体的，而不是抽象的，序参量的大小可以用来标志宏观有序的程度，当系统是无序时，序参量为零；当外界条件变化时，序参量也变化；当到达临界点时，序参量增长到最大。

（3）多值性。在系统演化过程中，有可能会出现多个序参量，这主要是由于系统的复杂程度决定的。

（4）变化速度相对较慢。在系统演化过程中存在着快变量与慢变量之分，快变量数目巨大，但它对系统的演化起到的作用不大，慢变量虽数目较少，但却是由各子系统的相互竞争与协作过程中作用而产生的。

（二）自组织产生的前提条件

自组织的产生是有前提条件的，普里高津认为自组织产生的前提条件包括系统开放、远离平衡态、非线性三个主要因素。

1.系统开放

根据总熵值定义，在系统封闭的条件下，根据热力学第二定律，总熵值为 $dS=d_iS \geq 0$，结果是导致系统越来越无序，不会产生自组织。只有在开放系统中，系统与外界进行信息、能量与物质交换的过程中才有可能使得总熵值 $dS=d_iS+d_eS \leq 0$，即当 $d_iS \leq d_eS$ 系统内部的熵值小于系统与外界相互作用过程中产生的负熵流值，才能促进自组织的产生。因此，系统开放是自组织产生的前提条件之一。

2.远离平衡态

一个开放系统可能有三种不同的存在方式，即热力学平衡态、线性非平衡态和远离平衡态。平衡态是指系统各处可测的宏观物理性质均匀（从而系统内部没有宏观不可逆过程）的状态，线性非平衡态与平衡态有微小的区别，处于离平衡态不远的线性区，它遵循普利高津提出的最小熵产生原理，即线性非平衡区的系统随着时间的推移，总是朝着熵产生减少的方向进行直到达到一个稳定态，此时熵产生不再随时间变化，线性非平衡态也不会产生耗散结构（自组织）。远离平衡态是指系统内部各个区域的物质和能量分布是极不平衡的，差距很大。远离平衡态的产生是系统在与外界进行能量或物质交换过程中，外界的能量或物质输入打破了现有的线性关系，促进系统内部各要素的非线性相互作用。可见，系统只有从平衡态、线性非平衡态发展到远离平衡态（或非线性非平衡态），才能促进自组织的产生。

3.非线性

非线性相互作用是指系统内部各要素之间以网络形式相互联系与作用，而不是个别要素之间的简单的线性相互作用。系统内部各要素的非线性相互作用具有深远的影响与意义，这种相互作用会产生相干效应，决定了系统的不可逆、推动系统各要素（子系统）之间产生协同作用以及促进多个分支点（系统演化的多个可能性的点）的出现等，这些都会共同促进自组织的产生。

（三）自组织产生的动力

竞争与协同促进序参量的产生，并通过序参量的役使原理促进自组织的产生。

1. 竞争

竞争是系统论的基本概念，任何整体都是以它的要素之间的竞争为基础的，而且以"部分之间的竞争"为先决条件。部分之间的竞争是简单的物理—化学系统以及生命有机体和社会机体中的一般组织原理，归根结底，是实现所呈现的对立物的一致这个命题的一种表达方式。突变论的创立者托姆认为一切形态的发生都归于冲突，归于两个或多个吸引子之间的斗争。竞争具有重要的意义，它是协同的基本前提与条件，是系统演化的动力，它一方面会造就系统远离平衡组织演化条件，另一方面推动系统向有序结构的演化。

竞争是普遍存在的现象，属于化学、生物学、社会科学等学科的基本范畴，在不同的学科中竞争的表现形式不同。例如：在由大量气体分子构成的系统中，分子之间的频繁碰撞；在化学反应中不同反应物之间在反应过程存在大量的分子之间的竞争；在生态系统中各个物种之间的相互竞争等。竞争也是经济学的主要范畴，如不同企业主体通过产品功能、产品价格与服务等影响消费者，其目的也是为了增强企业的竞争能力。但竞争的存在也是以一定的条件存在的，它有时受到多种因素的影响而潜藏在现象的背后。以产业系统为例，产业是由具有同一属性的企业构成的，同一产业企业间存在着竞争关系，而不同产业间由于其所依据的技术、产品、市场、产业管制政策等不同而处于非直接竞争关系中，这就构成了产业边界理论的基础。一旦由于技术创新等涨落因素引起不同产业变成直接竞争关系时，产业的属性与边界也就发生相应的变化。

2.协同

系统演化的动力除了各子系统间的竞争外，还存在着一个很重要的动力，那就是协同。所谓协同，是指系统中诸多子系统的相互协调的、合作的或同步的联合作用与集体行为。协同是系统整体性、相关性的内在表现。

协同的主要作用主要通过协同效应体现出来。协同效应是指由于协同作用而产生的结果，即复杂开放系统中大量子系统相互作用而产生的整体效应或集体效应。

系统内部各要素之间的竞争与协同相辅相成，共同促进了新系统的产生与演化。各子系统之间通过竞争打破了系统的均衡，促进系统变量发生变化，在变化过程中，通过协同又促进序参量的产生与发展，序参量一旦产生，就像一只无形的手，控制着各子系统的行为，支配着系统的演化。如果把竞争看作是促进原来系统分解的开始与动因，那么协同则发挥着整合而形成新系统的作用，两者共同促进了系统的演化进程。

通过以上分析可以看出，尽管自组织理论是由多个理论所构成的体系，但不同理论均有共同的研究对象，即以非线性的复杂系统的自组织形成过程为研究对象，分别对自组织产生的前提、过程、动力等进行了分析和阐述。

二、多活性代理复杂信息系统

在人类历史进化的长河中，相关事物都是由低级到高级、由简单到复杂逐渐演化的。现今，人类社会中具有复杂性的事物和系统已普遍存在，人类为了理性认识和表征事物的整体性以及未知复杂性特征，"系统"的概念于20世纪30年代被提出，并掀起了"系统"研究的高潮，这一切都说明开展"系统"研究的重要现实性和科学性。同时，"信息"也是人类最常用的词语之一，但对它的定义却并不统一，有多种说法，但定量、广义、全面地描述"信息"在近期是不可能的，对"信息"本质的深入理解和科学定量描述有待长期研究。本书认为信息是客观事物运动状态的表征和描述，其中，"表征"是客观存在的表征，而描述是人为的，随着信息时代的到来与发展，信息系统的安全问题也变得越来越突出，开展"信息"的安全描述和研究具有重要的科学和现实意义。

由此，要求信息系统在强约束条件、强挑战环境下（如高安全性要求）发挥多种先进功能是复杂信息系统设计和构建中一个不可回避的基本问题，也是保证系统"活性"的重要举措。为此，开展信息安全与对抗领域复杂信息系统的构建及其功能动态发挥过程的描述研究就显得尤为重要和迫切。

三、多活性代理

在众多科学家努力下，系统科学已经取得了一些重要成果，如普里高津教授的耗散自组织理论、哈肯教授的协同学（证明了不具有生命的系统也有自组织机制）、詹奇教授的自组织宇宙观，我国著名科学家钱学森教授提出的开放复杂巨系统的概念，以及对开放复杂巨系统分析所采取的定性与定量相结合的思维方式（方法）。这些系统理论从物理基础层进行了一般论述，高度概括了系统动态发展的规律，对复杂信息系统的构建研究具有重要的指导意义。但在应用基础层和应用层对复杂信息系统进行研究时运用这些高度概括的系统理论困难较大，而且也不直接，为此我们在上述系统理论的指导下，针对信息安全与对抗领域的信息系统的构建问题，借用多代理的建模思想，提出了多活性代理复杂信息系统的构建方法，这样整个系统将不同于以往信息系统的刚性架构，而是处于动态、弹性的配置中，在系统活性前提下可很大程度上优化系统的性能，使系统在安全对抗过程中占据博弈主动权。

多活性代理的初步描述：信息安全与对抗领域中多活性代理复杂信息系统可以看作是由多个层次的"活性代理"组成的一个系统（或者说是一个社会），称在此系统中"活"的活动主体为"活性代理"，这些"活性代理"除具有传统代理的一些特性外，还具有以下独特的性质。

（1）活性代理具有环境激发机制，而不是传统的事件激发机制，与传统代理相比，活性代理应该更具有主动性、更能适应环境。

（2）活性代理遵循耗散自组织原理所具有与环境的能量信息的交互以及生命的概念。

（3）活性代理的"活性"可以在一定程度上避免信息安全与对抗领域中信息系统所具有的双刃剑效应中的负面效应。

（4）从任务完成效率和生存对抗的角度来说，活性代理具有功能层次上的"加入"和"退出"的有效机制。

第三章 安全威胁分析

第一节 漏洞介绍

一、操作系统漏洞

操作系统漏洞是指计算机操作系统（如 Windows XP）本身所存在的问题或技术缺陷，操作系统产品提供商通常会定期对已知漏洞发布补丁程序提供修复服务。

1. 快速用户切换漏洞

Windows XP 快速用户切换功能存在漏洞，单击"开始"/"注销"/"切换用户"启动快速用户切换功能，在传统登录方法下重试登录一个用户名时，系统会误认为有暴力猜解攻击，因而会锁定全部非管理员账号。

2. UPnP 服务漏洞

UPnp 目前可以说是比较先进的技术，已经包含在 Windows XP 中，这本是件好事，但却惹出了麻烦，因为 UPnp 会带来一些安全漏洞。黑客利用这类漏洞可以取得其他 PC 的完全控制权，或者发动 DOS 攻击。如果黑客知道某一 PC 的 IP 地址，就可以通过互联网控制该 PC，甚至在同一网络中，即使不知道 PC 的 IP 地址，也能够控制该 PC。

3. "自注销"漏洞

热键功能是 Windows XP 的系统服务之一，一旦用户登录 Windows XP，热键功能也就随之启动，于是用户就可以使用系统默认的或者自己设置的热键了。假如用户的电脑没有设置屏幕保护程序和密码，若离开电脑一段时间到别处去了，Windows XP 就会自动注销，不过这种"注销"并没有真正注销，所有的后台程序都还在运行（热键功能当然也没有关闭），因此虽然其他人进不了该用户的桌面，也看不到电脑里放了些什么，但是却可以继续使用热键。

此时如果有人在该用户的机器上用热键启动一些与网络相关的敏感程序（或服务），用热键删除机器中的重要文件，或者用热键干其他的坏事，后果也是挺严重的！因此这个漏洞也是很可怕的，有望微软公司能及时推出补丁，以便 Windows XP 进行"自注销"时热键服务也随之停止。

4. 远程桌面漏洞

建立网络连接时，Windows XP 远程桌面会把用户名以明文形式发送到连接它的客户端。发送的用户名可以是远端主机的用户名，也可能是客户端常用的用户名，网络上的嗅探程序可能会捕获到这些账户信息。

二、传输层漏洞与应用层漏洞

传输层漏洞是指数据报文在传输过程中存在的安全缺陷。2015 年发布的 OpenSSL 两起高危漏洞可视为传输层漏洞。SSL 协议是安全套接层（Secure Socket Layer）协议，为上层应用服务提供安全可靠的传输。

近年来，有关于 OpenSSL 的安全漏洞频繁公布。这使得我们开始质疑传输层开源软件的安全性。对现有的开源软件源代码进行全面的审计和安全性测试势在必行。此外，软件设计的逻辑缺陷隐藏深、挖掘难，一直是安全漏洞研究的难点问题。Chen 等设计的静态污染分析工具需要审计源代码，如何挖掘源代码不开放的软件逻辑缺陷亦可作为重要的研究方向。

应用层漏洞是指系统服务、应用软件和应用层协议所出现的安全缺陷。应用层的服务、软件和协议种类繁多且黑客对它们的测试成本低，这些因素致使该层的漏洞数量一直占有很高的比例。

应用层的漏洞挖掘具有成本低和易测试的特点，一直受到黑客的青睐。

应用层漏洞研究热点体现在四个方面：一是 Window 平台的应用程序或系统服务漏洞；二是虚拟化平台的漏洞；三是移动终端的系统服务漏洞；四是编译系统底层库的漏洞。实际上，对于每一个对象的漏洞挖掘都有迹可循，例如 2015 年的 Adobe Flash 漏洞利用代码就与 CVE-2014-8439 的漏洞利用代码有很多相似之处。因此，将现有的漏洞挖掘与利用方法进行系统性总结，对日后漏洞的研究发展有着重要的指导作用。

第二节　网络服务威胁

一、拒绝服务攻击

拒绝服务攻击（Denial-of-Service，DoS）一直是 Internet 面临的最为严峻的威胁之一，其主要通过连续向攻击目标发送超出其处理能力的过量数据，消耗其有限的网络链路或操作系统资源，使之无法为合法用户提供有效服务。许多著名的网站，如 Yahoo、Amazon 及 CNN 等都曾因 DoS 攻击导致网站关闭。

对于传统的 DoS 攻击，尽管其破坏性很大，但是其攻击原理致使其存在一个共同特点——需要攻击者采取一种压力（Sledge-hammer）方式向被攻击者发送大量攻击包，即要求攻击者维持一个高频、高速率的攻击流。正是这种特征，使得各种传统 DoS 攻击与正常网络流量相比都具有一种异常统计特性，使得对其进行检测相对简单。因此，许多 DoS 检测方法都把这种异常统计特征作为识别 DoS 攻击的特征，一旦检测到攻击，就激活包过滤机制丢弃所有具有攻击特征的数据流传送的数据包，或采用一定的速率限制技术来降低攻击影响。

二、分布式拒绝服务攻击

分布式拒绝服务（Distributed Denial of Service，DDoS）攻击依然是目前 Internet 很大的威胁，Arhor 公司调查报告显示，网络服务提供商（ISP）头号运营威胁是僵尸网络（Botnet），其次是 DDoS 攻击，且僵尸网络往往被用来进行 DDoS 攻击。因此，DDoS 攻击被认为是 ISP 目前最大的运营危害。DDoS 攻击相对容易发生，因为目前 Internet 缺乏有效的认证机制，其开放结构使得任意数据包都可以到达目的地，加上网络上已有现成的工具可被利用，为发起 DDoS 攻击创造了便利，精心构造的攻击甚至能够达到 24 Gb/s 的攻击流量，足以充斥任一服务器的接入带宽。

三、常用网络服务所面临的安全威胁

1.FTP 文件传输服务的安全

FTP 是日常使用较多的一项网络服务，网络上的大多数 FTP 服务器都支持匿名访问，且多数都有允许用户上传文件的区域，这样就给了用户破坏系统文件的机会，同时上传的文件也可能具有破坏性，无限制地上传文件也会严重耗费系统资源和硬盘空间。

建立匿名 FTP 服务器，必须确保用户访问的主目录和系统文件在不同的硬盘或分区上，使得用户不能访问系统文件区，尤其是包含系统配置文件的重要目录。对匿名用户也应检验密码，并对其权限进行额外的限制（包括传输带宽），以使入侵者不能有效地发动攻击。

FTP 服务器一般都支持服务期间的直接文件传输，这也是发动攻击的有效途径，且借助于服务期间的高速通道使入侵变得容易了，若无特别的需要，应关闭此功能，并对恶意尝试密码的用户实施一定的封锁策略。

FTP 用户应尽可能和系统用户分开管理，并保证有足够复杂的密码；确定有效的合适的用户目录权限，确保用户不能访问未授权区域；做好日志记录，以便审计跟踪。

FTP 服务器软件有很多的安全漏洞，应及时更新。如常用的 SERV-U 就有著名的 20% 权限跨越问题，利用这一漏洞，用户可以访问自己主目录以外的未授权目录，并具有和自己目录一样的访问权限，这是非常危险的，应及时更新软件，以防范已知安全问题。

2.Telnet 的安全问题

Telnet 服务在远程维护路由、主机时经常被用到，Telnet 服务最大的安全问题就是客户登录服务器时，用户名和密码是以明文方式传输的，在 LAN 上是很容易被截获或窃听的。

3.WWW 服务的安全问题

WWW 浏览器和服务器都很难保证安全，Web 的脚本和表单更容易传播和执行恶意的代码。随着各种控件脚本的不断发展，在带来众多编程好处和便捷性、带来丰富的界面和功能的同时，也带来了安全的隐患。通过网页修改用户的注册表传播病毒已经不是什么新奇的事情了。

通过 Web，黑客可以了解用户的一些个人信息，因为在很多 Web 表单上，信息是以非加密方式被提交和传输的，这使得用户的个人信息很容易被第三者截取并恶意利用。

越来越多的 Web 网站出现在我们的面前，设计和编写这些网站的人大多不了解系统安全，尤其是一些简单的脚本和 CGI 交互语言，这些编写者设计的程序往往存在很大的安全问题，同时各种脚本和控件对系统的访问也会留下安全隐患。

4. 电子邮件的安全

电子邮件系统是网络上的基本服务，也是使用最多的服务。邮件服务器一般情况都运行在 Root 用户或系统权限下，这使得邮件系统本身就存在着一定的脆弱性，一旦遭到入侵，则攻击者就可以拿到系统级权限，从而进一步对系统进行更多的破坏活动。

电子邮件中最普遍的问题就是角色欺骗，也称为匿名邮件。邮件发送者可以很容易地利用或伪造他人的名义发送邮件，从而骗取用户的信任，进一步利用社会工程学来获得用户的合法权限，并利用这一合法权限来采取特定的入侵行为。所以，轻易不要相信邮件的发信人地址，对于重要信件应使用可靠的邮件加密措施。不要在邮件中传输用户名或密码等隐私保密信息。

电子邮件的内容一般是以明文传输的，有的也只进行了简单的编码。对于邮件的附件，一般情况下不要随意打开，更不要随意打开来历不明的信件，很多邮件阅读软件都有一定的安全隐患。比如 OE 的 MIME 处理问题，就可以自动运行伪装成图片或声音的可执行文件。不要认为不执行附件就不会有危险，越来越多的邮件通过脚本来执行入侵手段，不需要打开附件（甚至没有附件），只要接收者预览了邮件，邮件中的脚本程序就会自动运行并造成破坏。

电子邮件的另一个问题是垃圾邮件，由于 SMTP 协议是不需要进行用户身份验证的，因此使得任何人都可以利用 SMTTP 服务器发送大量的广告邮件或无意义邮件。为了解决这个问题，目前国内的 SMTP 服务器绝大多数都使用了 SMTP 验证（即 ESMTP），只有通过用户验证的用户才可以使用 SMTP 服务器进行中继发信，这样就相对有效地阻止了垃圾邮件的产生。同时，大量的垃圾邮件也是电子邮件炸弹的一种方式，被攻击的计算机会因为处理这些无意义的电子邮件而耗费大量的系统资源，并会导致邮箱阻塞使得有用的邮件不能及时被处理。大量的电子邮件炸弹攻击可以造成服务器拒绝服务，甚至导致整个系统崩溃。

5. 新闻组的安全

新闻服务应用得不是很多，它是利用新闻组服务器来实现信息讨论的一种方式。新闻的风险和邮件一样，用户的计算机可能被"洪水般"的信息淹没，用户也可能被所接收的被篡改的信息欺骗，并有可能因此泄露机密信息。因此，新闻组的安全性是不高的。

6.DNS 服务的安全

DNS 是建立在 UDP 和 TCP 之上的，DNS 提供将容易记忆的域名转换成系统实际使用的 IP 地址的翻译工作。DNS 服务存在很严重的安全问题，DNS 经常把用户的一些机器硬件和软件信息以及组织信息等机密信息提供给入侵者，给入侵者了解被攻击目标的有效信息提供了有效的帮助。黑客经常把这作为攻击的第一步。同时，DNS 可以被欺骗，通过假冒的 DNS 服务器可能会提供一些错误的域名转换，从而导致合法域名的访问遭到拒绝或被引导到特定的地址，以便攻击者得到有关信息。

多数的 DNS 服务器支持反向查询，通过 DNS 反向查询，黑客可以了解该 DNS 服务器内部的网络结构和组织体系并获得有关信息，为下一步破解密码提供帮助。如果黑客成功地入侵并控制了主要的 DNS 服务器，他就可以重新组织路由业务来实施进一步的攻击，同时可以实现域名劫持。DNS 协议本身缺少加密机制，容易发生"中间人"攻击。DNS 攻击如果和路由攻击结合在一起，将给所属网络带来灾难性的后果。

7. 网络管理服务的安全

任何系统中，都有一些用于网络管理的命令和程序，这些程序一般是用来测试网络上的计算机和管理网络的，但这些命令或程序也可以成为攻击网络的最基本手段。简单网络管理协议（SNMP）可以用来集中管理网络上的设备，SNMP 的安全问题主要是别人可以利用这一协议来控制网络设备，重新对其进行配置甚至关闭它们。SNMP 不使用验证，并以明文的方式对设备访问密码和权限进行验证，这使得可以对 SNMP 业务流进行窃听，进而实现对 SNMP 数据的非法访问。一旦入侵者非法访问了 SNMP 数据库，则可以实现多方面的攻击。

8. 网络文件服务的安全

网络文件服务（NFS）可以让用户使用远程文件系统。如果不恰当地配置 NFS，入侵者将很容易利用 NFS 安装用户的文件系统。NFS 使用的是主机认证，黑客可以冒充合法的主机，NFS 建立在 RPC（远程过程调用）之上，而 RPC 建立在 UDP 之上。由于 RPC 固有的安全问题，NFS 经常成为黑客攻击的主要手段。

第三节 数据威胁

一、网络监听

网络监听是一种监视网络状态、数据流程以及网络上信息传输的管理工具，它可以将网络界面设定成监听模式，并且可以截获网络上所传输的信息。也就是说，当黑客登录网络主机并取得超级用户权限后，若要登录其他主机，使用网络监听便可以有效地截获网络上的数据，这是黑客经常使用的方法。但是网络监听只能应用于连接同一网段的主机，通常被用来获取用户密码等。

二、密码技术

密码技术的基本思想是伪装信息。密码编码技术的主要任务是寻求产生安全性高的有效密码算法，以满足对消息进行加密或认证的要求，其不仅能够保证机密性信息的加密，而且能够完成数字签名、身份验证、系统安全等功能。密码分析技术的主要任务是破译密码或者伪造认证码，实现窃取机密信息或进行诈骗破坏活动。

密码技术与网络安全技术既相互对立，又相互依存。密码技术是网络安全技术的基础。随着计算机网络技术的发展及不断呈现出的安全隐患，国外一些著名密码厂商也逐渐研制出具有强密码特色的网络安全产品，该类产品主要面向军方和政府等对保密要求高的重要部门。

三、数据库攻击

常见的数据库攻击包括口令入侵、特权提升、漏洞入侵、SQL 注入等。

1. 口令入侵

以前的 Oracle 数据库有一个默认的用户名 Scott，以及默认的口令 tiger；而微软的 SQLServer 的系统管理员账户的默认口令也是众所周知的。当然这些默认的登录对于黑客来说尤其方便，借此他们可以轻松地进入数据库。Oracle 和其他主要的数据库厂商在其新版本的产品中对其进行了弥补，它们不再让用户保持默认的和空的用户名及口令。但即使是唯一的、非默认的数据库口令也是不安全的，通过暴力破解就可以轻易地找到弱口令。

2. 特权提升

特权提升通常与管理员错误的配置有关，如一个用户被误授予超过其实际需要的访问权限。另外，拥有一定访问权限的用户可以轻松地从一个应用程序跳转到数据库，即使他并没有这个数据库的相关访问权限。黑客只需要得到少量特权的用户口令，就可以进入数据库系统，然后访问读取数据库内的任何表，包括信用卡信息、个人信息。

3. 漏洞入侵

当前，正在运行的多数 Oracle 数据库中，有至少 10~20 个已知的漏洞，黑客可以用这些漏洞攻击进入数据库。虽然 Oracle 和其他的数据库都为其漏洞做了补丁，但是很多用户并没有给他们的系统漏洞打补丁，因此这些漏洞常常成为黑客入侵的途径。

4.SQL 注入

SQL 注入攻击是黑客对数据库进行攻击的常用手段之一。随着 B/S 模式应用开发的发展，使用这种模式编写应用程序的程序员也越来越多。但是由于程序员的水平及经验也参差不齐，一部分程序员在编写代码的时候，没有对用户输入数据的合法性进行判断，使应用程序存在安全隐患。正确的做法是，用户提交一段数据库查询代码，根据程序返回的结果，获得某些他想得知的数据，这就是所谓的 SQL Injection，即 SQL 注入。SQL 注入是从正常的 www 端口访问，而且表面看起来跟一般的 Web 页面访问没什么区别，所以目前市面的防火墙都不会对 SQL 注入发出警报，如果管理员没有查看 IIS 日志的习惯，可能被入侵很长时间都不会发觉。但是，SQL 注入的手法相当灵活，在注入的时候会碰到很多意外的情况，黑客需要构造巧妙的 SQL 语句，从而成功获取想要的数据。

第四节　常用网络攻击与防御技术

一、口令破解与防御技术实践

口令破解与防御技术：CSDN 和 RenRen 网站口令分析。2011 年年底，CSDN 天涯等网站发生用户信息泄露事件引起社会广泛关注，被公开的疑似泄露数据库 26 个，涉及账号、密码信息 2.78 亿条，严重威胁互联网用户的合法权益和互联网安全，引发众多网民对自己账号、口令等互联网信息被盗取的普遍担忧。根据调查和研判发现，我国部分网站的用户信息仍采用明文的方式存储，相关漏洞修补不及时，安全防护水平较低。在口令破解与防御技术专题，结合上述"CSDN 泄密门"事件，下载 CSDN 和 RenRen 的网上泄漏数，利用 MySQL 数据库系统，对这两个网站泄漏的用户口令进行分析。

CSDN 的样本总共有 3 列数据，分别为用户名、口令和邮箱。通过"#"分割，格式较为严谨，所有数据均可用，记录数为 6 428 632 条。RenRen 的样本，一般是两列数据，分别是用户名（同时也是邮箱）和口令，使用 TAB 分割。此样本的格式不太严谨，删除只有一列或者超过两列的无效记录共 53 412 条，进一步剔除如邮箱长度超过 50 个字符或者口令长度超过 20 个字符的显然不合理数据后，记录数为 4 711 943 条。注意到其中有些用户名是重复的，重复次数最多的用户名是 yourmame@hotmail.com，共 1 388 条，其次是"yourame@domain.com"，共 818 条，共计有 549 847 条记录用户名重复，考虑到重复数量如此之多，网站可能通过其他我们未知的字段区分记录，故这部分数据没有剔除。

使用者对这两个网站的口令主要分析口令长度分布、密码类型分布，以及使用手机号码、生日、英文单词、Email 地址等作为密码等情况统计，其中口令长度分布情况。另外他们还对复杂密码，即字母＋数字＋特殊字符的密码进行了统计分析。

通过分析发现，CSDN 用户一般采用的是 10 位左右的数字密码或数字＋字母的组合密码，其平均口令长度要高于 RenRen。CSDN 仍有超过 23 万人选择"123456789"这样的弱密码，作为主要是程序员一类的技术型用户，设置如此简单的密码，简直是不可思议的事情。由此可见普通网友设置密码仍然比较薄弱，因此加强密码设置强度已经刻不容缓。为此，提出了设置密码的基本要求：① 使用大小写字母、标点和数字组合；② 密码字符数尽量多一些，12 位左右较为合适；③ 不要以任何形式使用你的用户名或是注册名；④ 不要使用任何语言的单词作为密码；⑤ 不要使用"password"作为密码；⑥ 不使用关于自身的信息，如姓名、出生日期、绰号或者昵称、身份证号码、电话号码、手机号码、所居住的街道等，甚至家庭成员或宠物的名字；⑦ 有规律地更换密码。

值得一提的是，在研究 CSDN 和 RenRen 样本中，他们发现大量用户名、邮箱或者密码完全相同或者极其相似的"水军"记录。下一步准备对这部分数据深入挖掘，研究网络"水军"的行为特征。

二、假冒网站分析

欺骗攻击的实质是冒充身份认证以骗取信任的攻击方式，攻击者针对认证机制的缺陷，将自己伪装成可信任方，从而与受害者进行交流，最终获取信息或者展开进一步攻击。其中假冒网站是指攻击者利用欺骗性的电子邮件和伪造的网站（钓鱼网站）来进行网络诈骗的一种欺骗手段。典型的网络钓鱼攻击是设计一个与正规网站极其相似的钓鱼网站，然后通过电子邮件等方式引诱用户进入该假冒网站，再通过用户输入账号和密码来窃取其重要信息。普通用户一般不会觉察到这个过程，只有在蒙受损失后才明白事情发生的原因。

目前互联网上的钓鱼网站传播途径主要有：① 通过 QQ、MSN、阿里旺旺等客户端聊天工具发送传播钓鱼网站链接；② 在搜索引擎、中小网站投放广告，吸引用户点击钓鱼网站链接；③ 通过 E-mail、论坛、博客、SNS 网站批量发布钓鱼网站链接；④ 通过微博、Twitte 人中的短连接散布钓鱼网站链接；⑤ 通过仿冒邮件，如冒充"银行密码重置邮件"，欺骗用户进入钓鱼网站；⑥ 感染病毒后弹出模仿 QQ、阿里旺旺等聊天工具窗口，用户点击后进入钓鱼网站；⑦ 恶意导航网站、恶意下载网站弹出仿真悬浮窗口，点击后进入钓鱼网站；⑧ 伪装成用户输入网址时易发生的错误，如 gogle.com、sinz.com 等，一旦用户写错，就误入钓鱼网站。

对于检测假冒网站，他们建议：① 通过第三方网站身份诚信认证辨别真实性；② 核对网站域名，假冒网站一般和真实网站有细微区别，如在域名方面，假冒网站通常将英文字母"1"替换为数字"1"，CCTV 换成 CCYV 等仿造域名；③ 比较网站内容。假冒网站的字体样式与真实网站往往不一致；④ 查询网站 ICP 备案的基本情况；⑤ 大型电子商务网站一般应用了可信证书类产品，如其网址非"https"开头，应谨慎对待；⑥ 专用网站检测。

三、SQL 注入攻击及防御实践

随着 B/S 模式应用开发的流行，使用这种模式编写应用程序的程序员也越来越多。但由于程序员的水平及经验参差不齐，很多程序员在编写表单代码的时候，将用户输入的内容直接用来构造动态 SQL 命令或作为存储过程的输入参数，攻击者把 SQL 命令插入 Web 表单的输入域或页面请求的查询字符串，欺骗服务器执行恶意的 SQL 命令，这就是 SQL 注入攻击。表面看 SQL 注入跟一般的 Web 页面访问没什么区别，一般防火墙也不会对 SQL 注入发出警报，故即使网站被入侵很久也可能不会被发觉。据调查，国内采用 ASP+Access 或 SQLServer 数据库的网站占 70% 以上。

模拟实验后，将 SQL 注入技术应用于互联网真实环境，探测有 SQL 注入漏洞的网站。通过百度探测采用 ASP 搭建的网站，扫描到有注入点的网站，通过 SQL 注入查看到了某网站的数据库、表、字段等内容，获得系统管理员账号 Admin 及其口令的 MD5 值，通过在 MD5 解密网站上解密后，成功登录该网站后台管理系统。

SQL 注入是危害 Web 安全的主要攻击手段，存在 SQL 注入漏洞的网站一旦被攻击成功后，产生的后果可能是毁灭性的，如：① 非法越权操作数据库内容；② 随意篡改网页内容；③ 添加系统账户或者数据库账户；④ 安装木马后门；⑤ 本地溢出获得服务器最高权限。

第四章　计算机病毒防治技术

随着科学技术的发展和互联网络的广泛应用，计算机已成为人们日常工作必不可缺少的工具，但日益严重的计算机病毒也在以几何数级的速度猛增，对计算机的安全构成了严重的威胁，一旦电脑感染病毒，经常会给用户造成严重后果，因此研究计算机病毒防治技术，对我们维护计算机的安全有着重要意义。

第一节　计算机网络病毒的特点及危害

一、计算机病毒的概念

"计算机病毒"与医学上的"病毒"不同，它是根据计算机软、硬件所固有的弱点，编制出的具有特殊功能的程序。由于这种程序具有传染性和破坏性，与医学上的"病毒"有相似之处，因此人们习惯上将这些"具有特殊功能的程序"称为"计算机病毒"。

1983 年 11 月 10 日，美国人 Fred Cohen 以测试计算机安全为目的，编写并发布了首个计算机病毒。多年后的今天，全世界已约有 6 万种计算机病毒，极大地威胁着计算机信息安全，如"震荡波"病毒曾横扫全世界。"震荡波"病毒会在网络中自动搜索系统有漏洞的计算机，并引导其下载病毒文件并执行。整个传播和发作过程不需要人为干预，只要这些计算机接入 Internet 且没有安装相应的系统补丁程序，就有可能被感染。病毒会使"安全认证子系统"进程崩溃，致使系统反复重启，并且使与安全认证有关的程序出现严重运行错误。

从广义上讲，凡能够引起计算机故障、破坏计算机数据的程序统称为计算机病毒。依据此定义，诸如逻辑炸弹蠕虫等均可称为计算机病毒。

1994 年 2 月 18 日，我国正式颁布实施《中华人民共和国计算机信息系统安全保护条例》，并于 2011 年 1 月 8 日修订在该条例的第二十八条中明确指出，计算机病毒是指编制或者在计算机程序中插入的破坏计算机功能或者毁坏数据，影响计算机使用，并能自我复制的一组计算机指令或者程序代码。此定义具有法律性、权威性。

二、计算机病毒的特点

1.传染性

计算机病毒会通过各种渠道从已被感染的计算机扩散到未被感染的计算机上，造成被感染的计算机工作失常甚至瘫痪。与生物病毒不同的是，计算机病毒代码一旦进入计算机并运行，它就会搜寻其他符合传染条件的程序或存储介质，确定目标后再将自身代码插入其中，达到自我繁殖的目的。

计算机病毒可以通过各种可能的渠道，如 U 盘、计算机网络去传染其他的计算机，是否具有传染性是判别一个程序是否为计算机病毒的最重要条件。

病毒具有正常程序的一切特性，它隐藏在正常程序中，当用户调用正常程序时，病毒窃取到系统的控制权，先于正常程序执行，病毒的动作、目的对用户是未知的，是未经用户允许的。

2.隐蔽性

病毒通常依附在正常程序中或磁盘较隐蔽的地方，也有的以隐含文件形式出现，目的是不让用户发现它的存在。如果不经过代码分析，病毒程序与正常程序是不容易区别开来的。在没有防护措施的情况下，受到感染的计算机系统通常仍能正常运行，用户不会感到任何异常。大部分的病毒代码设计得非常短小，一般只有几百字节或 1 KB。

计算机病毒的源程序可以是一个独立的程序体，源病毒经过扩散生成的再生病毒往往采用附加和插入的方式隐藏在可执行程序和数据文件中，采取分散和多处隐藏的方式；而当有病毒程序潜伏的程序体被合法调用时，病毒程序也合法进入，并可将分散的程序部分在非法占用的存储空间进行重新装配，构成一个完整的病毒体投入运行。

3. 潜伏性

大部分的病毒感染系统之后长期隐藏在系统中，悄悄地繁殖和扩散而不被发觉，只有在满足其特定条件时才启动其表现（破坏）模块。只有这样，它才可达到长期隐藏、偷偷扩散的目的。

4. 破坏性（表现性）

任何病毒只要侵入系统，就会对系统及应用程序产生程度不同的影响；轻则会降低计算机工作效率，占用系统资源；重则可导致系统崩溃。根据病毒的这一特性，可将病毒分为良性病毒与恶性病毒。良性病毒可能只显示一些画面或无聊的语句，或者根本没有任何破坏动作，但会占用系统资源，这类病毒表现较为温和。恶性病毒则有明确的目的，或破坏数据、删除文件，或加密磁盘、格式化磁盘，甚至造成不可挽回的损失。表现性和破坏性是病毒的最终目的。

5. 不可预见性

从对病毒的检测方面来看，病毒还有不可预见性。不同种类的病毒，其代码千差万别，但有些操作是共有的（如驻留内存、更改中断等）。有些人利用病毒的这种共性，制作了声称可查所有病毒的程序。这种程序的确可查出一些新病毒，但由于目前的软件种类较多，且某些正常程序也使用了类似病毒的操作，甚至借鉴了某些病毒技术，因此使用这种方法对病毒进行检测，势必会造成较多的误报情况，而且病毒的制作技术也在不断地提高，病毒对反病毒软件永远是超前的。

6. 可触发性

病毒因某个事件或数值的出现，诱使病毒实施感染或进行攻击的特性称为可触发性。病毒既要隐蔽又要维持攻击力，必须具有可触发性。

病毒的触发机制用于控制感染和破坏动作的频率。计算机病毒一般都有一个触发条件，它可以按照设计者的要求在某个点上激活并对系统发起攻击。

病毒的触发条件有以下几种。

（1）以时间作为触发条件。计算机病毒程序读取系统内部时钟，当满足设计的时间时就开始发作。

（2）以计数器作为触发条件。计算机病毒程序内部设定一个计数单元，当满足设计者的特定值时就发作。

（3）以特定字符作为触发条件。当敲入某些特定字符时即发作。

（4）组合触发条件。即综合以上几个条件作为计算机病毒的触发条件。

病毒中有关触发机制的编码是其敏感部分。剖析病毒时，如果清楚病毒的触发机制，就可以修改此部分代码，使病毒失效，也可以产生没有潜伏性的极为外露的病毒样本，供反病毒研究用。满足传染触发条件时，病毒的传染模块会被激活，实施传染操作。满足表现触发条件时，病毒的表现模块会被激活，实施表现或破坏操作。

7. 针对性

病毒的触发对环境有一定的要求，并不一定对任何系统都能感染。

8. 寄生性（依附性）

计算机病毒程序嵌入宿主程序中，依赖于宿主程序的执行而生存，这就是计算机病毒的寄生性。病毒程序在侵入宿主程序后，一般会对宿主程序进行一定的修改，宿主程序一旦执行，病毒程序就会被激活，从而可以进行自我复制。

通常认为，计算机病毒的主要特点是传染性、隐蔽性、潜伏性、寄生性和破坏性。

三、计算机病毒的分类

按照计算机病毒的特点，对计算机病毒可从不同角度进行分类。计算机病毒的分类方法有许多种，因此，同一种病毒可能有多种不同的分类方法。

1. 基于破坏程度分类

基于破坏程度分类是目前最流行且最科学的分类方法之一，按照此种分类方法，病毒可以分为良性病毒和恶性病毒。

（1）良性病毒是指其中不含有立即对计算机系统产生直接破坏作用的代码。这类病毒为了表现其存在，只是不停地进行扩散，从一台计算机传染到另一台，虽然不破坏计算机内的数据，却会造成计算机程序的工作异常。

良性病毒取得系统控制权后，会导致整个系统运行效率降低、可用内存容量减少、某些应用程序不能运行，还与操作系统和应用程序争抢 CPU 的控制权，有时还会导致整个系统死锁，给正常操作带来麻烦。有时系统内还会出现几种病毒交叉感染的现象，即一个文件不停地反复被几种病毒所感染。常见的良性病毒有"小球"病毒、"台湾一号"、"维也纳"和"巴基斯坦"病毒等。

（2）恶性病毒在其代码中包含有破坏计算机系统的操作，在其发作时会对系统产生直接的破坏作用。恶性病毒感染后一般没有异常表现，会将自己隐藏得更深，但是一旦发作，就会破坏计算机数据、删除文件，有的甚至会对硬盘进行格式化，造成整个计算机系统瘫痪，等到人们察觉时，已经对计算机数据或硬件造成了破坏，损失也难以挽回。

这种病毒有很多，如"黑色星期五""CIH 系统毁灭者"等。恶性病毒是很危险的，应当注意防范。

2. 基于传染方式分类

按照传染方式不同，病毒可分为引导型病毒、文件型病毒和混合型病毒3 种。

（1）引导型病毒是指开机启动时，病毒在 DOS 的引导过程中被载入内存，它先于操作系统运行，所依靠的环境是 BIOS 中断服务程序。引导区是磁盘的一部分，它在开机启动时控制计算机系统。引导型病毒正是利用了操作系统的引导区位置固定，且控制权的转交方式以物理地址为依据，而不是以引导区的内容为依据这一特点，将真正的引导区内容进行转移或替换，待病毒程序被执行后，再将控制权交给真正的引导区内容，使得这个带病毒的系统看似正常运转，而病毒已隐藏在系统中等待时机传染和发作。

引导型病毒按其寄生对象的不同，又可分为主引导区病毒和引导区病毒。主引导区病毒又称分区病毒，此病毒寄生在硬盘分区主引导程序所占据的硬盘 0 磁头 0 柱面第 1 个扇区中，如 Stoned 病毒。引导区病毒是将病毒寄生在硬盘逻辑 0 扇区或软盘逻辑 0 扇区，典型的如小球病毒。它们的原理基本相同，本书只介绍引导区病毒。

引导型病毒通常分为两部分，一部分放在磁盘引导区中；另一部分和原引导记录放在磁盘上连续几个簇中，这些簇在文件分配表（FAT）中做上坏簇的标记，使其不被覆盖而永久地驻留在磁盘中。开机启动时，磁盘引导区的程序会读入内存中，引导程序得到控制权后会加载两个隐含文件，即 ibmbio.com 和 command.com 以完成启动。如果是染上病毒的盘，读入内存的则是病毒程序的第一部分，它得到控制权后修改内存可用空间的大小，在内存高端开辟出一块区域，并把第一部分移至该区域；接着读入放在磁盘坏簇中的第二部分，并和第一部分拼起来，使病毒程序全部驻留在内存的高端，以防在运行其他程序时被覆盖；然后修改 INT13H 的中断向量或其他中断向量，使其指向病毒程序，这时才把原引导程序读入内存中，并把控制权交由它来完成系统的启动。由于修改了中断向量，病毒程序在计算机的运行中经常能得到 CPU 的控制权，这样在读写盘或产生其他中断时，病毒就可以发作进行破坏了。

（2）文件型病毒依靠可执行文件，即文件扩展名为 .com 和 .exe 等程序，它们存放在可执行文件的头部或尾部。目前绝大多数的病毒都属于文件型病毒。

文件型病毒将其代码加载到运行程序的文件中，只要运行该程序，病毒就会被激活，引入内存，并占领 CPU 从而得到控制权。病毒会在磁盘中寻找未被感染的可执行文件，将自身放入其头部或尾部，并修改文件的长度使病毒程序合法化，它还能修改该程序，使该文件执行前首先挂靠病毒程序，从病毒程序的出口处再跳向源程序开始处，这样就使该执行文件成为新的病毒源。已感染病毒的文件执行速度会减缓，甚至完全无法执行，也有些文件遭感染后，一执行就会被删除。

文件型病毒依附在不可执行的文件中是没有意义的，只有运行可执行程序时病毒才能调入内存运行。

文件型病毒按照传染方式的不同，又可分为非常驻型、常驻型和隐形文件型三种。

① 非常驻型病毒：非常驻型病毒将自己寄生在 .com，.exe 或是 .sys 的文件中，当执行感染病毒的程序时，该病毒就会传染给其他文件。

② 常驻型病毒：常驻型病毒躲藏在内存中，会对计算机造成更大的伤害，一旦它进入内存中，只要文件被执行，它就会迅速感染其他文件。

③ 隐形文件型病毒：把自己植入操作系统里，当程序向操作系统要求中断服务时，它就会感染这个程序，而且没有任何表现。

引导型病毒破坏性较大，但数量较少，直到 20 世纪 90 年代中期，文件型病毒还是最流行的病毒。随着微软公司 Word 字处理软件的广泛使用以及 Internet 的推广普及，又出现一种新病毒，这就是宏病毒。宏病毒可算作文件型病毒的一种。宏病毒已占目前全部病毒数量的 80% 以上，它是发展最快的病毒。宏病毒还可衍生出各种变种病毒。

（3）混合型病毒通过技术手段将引导型病毒和文件型病毒组合成一体，使之具有引导型病毒和文件型病毒两种特征，以两者相互促进的方式进行传染。这种病毒既可以传染引导区又可以传染可执行文件，增加了病毒的传染性及存活率。不管以哪种方式传染，病毒只要进入计算机就会经开机或执行程序而感染其他的磁盘或文件，从而使其传播范围更广，更难以被清除干净。如果只将病毒从被感染的文件中清除，当系统重新启动时，病毒又将从硬盘引导记录进入内存，文件被重新感染；如果只将隐藏在引导记录里的病毒清除，当运行文件时，引导记录又会被重新感染。

3. 基于算法分类

按照特有的算法，病毒可以划分为伴随型病毒、蠕虫型病毒和寄生型病毒。

（1）伴随型病毒。伴随性病毒并不改变文件本身，而是根据算法产生 .exe 文件的伴随体，与文件具有同样的名字和不同的扩展名，例如，ccr.exe 的伴随体是 ccr.com。当 DOS 加载文件时，伴随体优先被执行，再由伴随体加载执行原来的 .exe 文件。

（2）蠕虫型病毒。蠕虫型病毒通过计算机网络进行传播，它不改变文件和资料信息，而是根据计算机的网络地址，将病毒通过网络发送。蠕虫病毒除了占用内存外一般不占用其他资源。

（3）寄生型病毒。除伴随型病毒和蠕虫型病毒之外的其他病毒均可称为寄生型病毒。它们依附在系统的引导区或文件中，通过系统的功能进行传播，按算法又可分为练习型病毒、诡秘型病毒和变型病毒。

① 练习型病毒自身包含错误，不能很好地传播，如一些处在调试阶段的病毒。

② 诡秘型病毒一般不直接修改 DOS 中断和扇区数据，而是通过设备技术和文件缓冲区等进行 DOS 内部修改，由于该病毒使用比较高级的技术，所以不易清除。

③ 变型病毒又称幽灵病毒，这种病毒使用较复杂的算法，使自己每传播

一份都具有不同的内容和长度。它们通常由一段混有无关指令的解码算法和变化过的病毒体组成。

4. 基于链接方式分类

按照链接方式不同，病毒可以分为源码型病毒、入侵型病毒、外壳型病毒和操作系统型病毒。

（1）源码型病毒攻击的目标是源程序。在源程序编译之前，将病毒代码插入源程序，编译后，病毒变成合法程序的一部分，成为以合法身份存在的非法程序。源码型病毒比较少见，在编写时要求源码病毒所用语言必须与被攻击源码程序的语言相同。

（2）入侵型病毒可用自身代替宿主程序中的部分模块或堆栈区，因此这类病毒只攻击某些特定程序，针对性强。这种病毒的编写也很困难，因为病毒遇见的宿主程序千变万化，病毒在不了解其内部逻辑的情况下，要将宿主程序拦腰截断，插入病毒代码，而且还要保证病毒程序能正常运行。该病毒一旦侵入程序体后也较难消除。如果同时采用多态性病毒技术、超级病毒技术和隐蔽性病毒技术，将给当前的反病毒技术带来严峻的挑战。

（3）外壳型病毒将其自身依附在宿主程序的头部或尾部，相当于给宿主程序增加了一个外壳，但对宿主程序不做修改。这种病毒最为常见，易于编写，也易于被发现，通过测试文件的大小即可发现。大部分的文件型病毒都属于这一类。

（4）操作系统型病毒用其自身的程序加入或取代部分操作系统进行工作，具有很强的破坏力，可以导致整个系统瘫痪。圆点病毒和大麻病毒就是典型的操作系统型病毒。这种病毒在运行时，用自身的逻辑部分取代操作系统的合法程序模块，对操作系统进行破坏。

5. 基于传播的媒介分类

按照传播媒介的不同，病毒可以分为网络病毒和单机型病毒。

（1）网络病毒通过计算机网络传播感染网络中的可执行文件。这种病毒的传染能力强、破坏力大。

（2）单机型病毒的载体是磁盘，常见的是病毒从软盘传入硬盘，感染系统，然后再传染其他软盘，再由软盘传染其他系统。

6. 基于攻击的系统分类

按照计算机病毒攻击的系统不同，病毒可以分为攻击 DOS 系统的病毒、攻击 Windows 系统的病毒、攻击 UNIX 系统的病毒和攻击 OS/2 系统的病毒。

（1）攻击 DOS 系统的病毒。这类病毒出现最早、数量最大，变种也最多，以前计算机病毒基本上都是这类病毒。

（2）攻击 Windows 系统的病毒。Windows 因其图形用户界面和多任务操作系统而深受用户的欢迎，Windows 现已逐渐取代 DOS，从而成为病毒攻击的主要对象。我国发现的首例破坏计算机硬件的 CIH 病毒就是一个 Windows 95/98 病毒。

（3）攻击 UNIX 系统的病毒。UNIX 系统应用非常广泛，并且许多大型的操作系统均采用 UNIX 作为其主要的操作系统，所以 UNIX 病毒的出现，对信息处理也是一个严重的威胁。

（4）攻击 OS/2 系统的病毒。目前人们已经发现了攻击 OS/2 系统的病毒。

7. 基于激活的时间分类

按照病毒激活的时间分类，病毒可分为定时病毒和随机病毒。

定时病毒仅在某一特定时间才发作；而随机病毒一般不是由时间来激活的。

上述分类是相对的，同一种病毒按不同的分类方法可属于不同类型。

四、计算机网络病毒的概念

1. 计算机网络病毒的定义

传统的网络病毒是指利用网络进行传播的一类病毒的总称。网络成了传播病毒的通道，使病毒从一台计算机传染到另一台计算机，然后传遍网络中的全部计算机，一般如果发现网络中有一个站点感染病毒，那么其他站点也会有类似病毒。一个网络系统只要有入口点，就很有可能感染上网络病毒，使病毒在网络中传播扩散，甚至会破坏整个系统。

严格地说，网络病毒是以网络为平台，能在网络中传播、复制及破坏的计算机病毒，像网络蠕虫病毒等一些威胁到计算机及计算机网络正常运行和安全的病毒才可以算作计算机网络病毒。"网络病毒"与单机病毒有较大区别。计算机网络病毒专门使用网络协议（如 TCP/IP、FTP、UDP、HTTP、SMTP 和 POP3 等）来进行传播，它们通常不修改系统文件或硬盘的引导区，而是感染客户计算机的内存，强制这些计算机向网络发送大量信息，因而导致网络速度下降甚至完全瘫痪。由于网络病毒保留在内存中，因此传统的基于磁盘的文件 I/O 扫描方法通常无法检测到它们。

2. 计算机网络病毒的传播方式

Internet 技术的进步同样给许多恶毒的网络攻击者提供了一条便捷的攻击路径，他们利用网络来传播病毒，其破坏性和隐蔽性更强。

一般来说，计算机网络的基本构成包括网络服务器和网络节点（包括有盘工作站、无盘工作站和远程工作站）。病毒在网络环境下的传播，实际上是按照"工作站—服务器—工作站"的方式进行循环传播。计算机病毒一般先通过有盘工作站的软盘或硬盘进入网络，然后开始在网络中传播。

具体来说，计算机病毒的传播方式有以下几种。

（1）病毒直接从有盘工作站复制到服务器中。

（2）病毒先感染工作站，在工作站内存驻留，当运行网络盘内程序时再感染服务器。

（3）病毒先感染工作站，在工作站内存驻留，当病毒运行时通过映像路径感染到服务器中。

（4）如果远程工作站被病毒侵入，病毒也可以通过通信中数据的交换进入网络服务器中。计算机网络病毒的传播和攻击主要通过两个途径，即用户邮件和系统漏洞。所以，一方面，网络用户要加强自身的网络意识，对陌生的电子邮件和网站提高警惕；另一方面，对操作系统要及时进行升级，以加强对病毒的防范能力。

随着 Internet 的发展，病毒的传播速度明显加快，传播范围也开始从区域化走向全球化。新一代病毒主要通过电子邮件、网页浏览、网络服务等网络途径传播，传播速度更快、发生频率更高，防御更困难，往往在找到解决办法前，病毒已经造成了严重危害。

五、计算机网络病毒的特点

从计算机网络病毒的传播方式可以看出，计算机网络病毒除具有一般病毒的特点外，还具有以下新的特点。

1. 传染方式多

病毒入侵网络系统的主要途径是通过工作站传播到服务器硬盘，再由服务器的共享目录传播到其他工作站。但病毒传染方式比较复杂，通常有以下几种。

（1）引导型病毒对工作站或服务器的硬盘分区表或 DOS 引导区进行传染。

（2）通过在有盘工作站上执行带毒程序，而传染服务器映射盘上的文件。由于 login.exe 文件是用户入网登录时第一个被调用的可执行文件，因此该文件最易被病毒感染，而 login.exe 文件一旦被病毒感染，则每个工作站在使用其登录时便会被感染，并进一步感染服务器共享目录。

（3）服务器上的程序若被病毒感染，则所有使用该带毒程序的工作站都将被感染。混合型病毒有可能感染工作站上的硬盘分区表或 DOS 引导区。

（4）病毒通过工作站的复制操作进入服务器，进而在网络上传播。

（5）利用多任务可加载模块进行传染。

（6）若 Novell 服务器的 DOS 分区程序 server.exe 已被病毒感染，则文件服务器系统有可能被感染。

2. 传播速度快

单机病毒只能通过磁盘从一台计算机传染到另一台计算机，而网络病毒则可以通过网络通信机制，借助高速电缆迅速扩散。

由于病毒在网络中传播速度非常快，故其扩散范围很大。根据测定，计算机网络在正常使用情况下，只要有一台工作站有病毒，就可在几十分钟内将网上的数百台计算机全部感染。

3. 清除难度大

再顽固的单机病毒也可通过删除带毒文件、格式化硬盘等措施将病毒清除，而网络中只要有一台工作站中还有病毒未被清除干净，就可使整个网络全部重新被病毒感染，甚至刚刚完成杀毒工作的一台工作站也有可能被网上另一台工作站的带毒程序所传染。因此，仅对工作站进行杀毒处理并不能彻底解决网络病毒问题。

4. 扩散面广

病毒在网络中扩散非常快、扩散范围广，不但能迅速传染局域网内所有计算机，还能通过远程工作站将病毒在一瞬间传播到千里之外。

5. 破坏性大

网络上的病毒将直接影响网络的工作，轻则降低速度，影响工作效率；重则造成网络系统瘫痪，破坏服务器系统资源，使众多工作毁于一旦。

六、计算机网络病毒的分类

计算机网络病毒的发展是相当迅速的，目前主要的计算机网络病毒有以下几种。

1. 网络木马病毒

传统的木马病毒（Trojan）是指一些有正常程序外表的病毒程序，如一些密码窃取病毒，它会伪装成系统登录框，当在登录框中输入用户名与密码时，这个伪装登录框的木马便会将用户口令通过网络泄露出去。

2. 蠕虫病毒

蠕虫病毒（Worm）是指利用网络缺陷进行繁殖的病毒程序，如"莫里斯"病毒就是典型的蠕虫病毒。它利用网络的缺陷在网络中大量繁殖，导致几千台服务器无法正常提供服务。如今的蠕虫病毒除了利用网络缺陷外，更多地利用了一些新的技术，例如，"求职信"病毒是利用邮件系统这一大众化的平台，将自己传遍千家万户；"密码"病毒是利用人们的好奇心理，诱使用户主动运行病毒；"尼姆达"病毒则是综合了系统病毒的方法，利用感染文件来加速自己的传播。目前常说的网络病毒就是指蠕虫病毒。

3. 捆绑器病毒

捆绑器病毒（Binder）是一个新的概念，人们编写这种程序的最初目的是希望通过一次点击可以同时运行多个程序，然而这一工具却成了病毒传播的新帮凶。比如，用户可以将一个小游戏与病毒通过捆绑器程序捆绑，当用户运行游戏时，病毒也会同时悄悄地运行，给用户的计算机造成危害。此外，目前一些图片文件也可以被捆绑病毒，其隐蔽性更高。

4. 网页病毒

网页病毒是利用网页中的恶意代码来进行破坏的病毒。它存在于网页中，其实就是利用一些脚本语言编写的一些恶意代码。它可以对系统的一些资源进行破坏，轻则修改用户的注册表，使用户的首页、浏览器标题改变；重则可以关闭系统的很多功能，使用户无法正常使用计算机；更有甚者则将用户的磁盘进行格式化。这种网页病毒容易编写和修改，使用户防不胜防，最好的方法是选用有网页监控功能的杀毒软件以防万一。

5. 手机病毒

简单地说，手机病毒就是以手机为感染对象，以手机网络和计算机网络为平台，通过病毒短信等形式对手机进行攻击，造成手机异常的一种新型病毒。

随着智能手机的出现，手机本身通过网络可以完成很多原本由计算机才能完成的工作，如信息处理、收发 E-mail 及网页浏览等。为完成这些工作，手机除了具备硬件设备以外，还需要上层软件的支持。这些上层软件一般是利用 Java、C++ 等语言开发的，是嵌入式操作系统（即把操作系统固化在芯片中），手机就相当于一部小型计算机，因此，肯定会有受到恶意代码攻击的可能。而目前的短信并不只是简单的文本内容，也包括手机铃声、图片等信息，都需要手机操作系统"翻译"以后再使用。目前的恶意短信就是利用了这个特点，编制出针对某种手机操作系统漏洞的短信内容来攻击手机。如果编制者的水平足够高，对手机的底层操作系统足够熟悉，他们甚至能编制出毁掉手机芯片的病毒，使手机彻底报废。因此，对手机病毒的危害性不能低估。

手机病毒其实也和计算机病毒一样，可以通过计算机执行从而向手机乱发短信息。严格地讲，手机病毒应该是一种计算机病毒，这种病毒只能在计算机网络中进行传播而不能通过手机进行传播，因此手机病毒其实是计算机病毒程序启动了电信公司的一项服务，如发送电子邮件到手机，而且它发给手机的是文档，根本无破坏力可言。当然，有的手机病毒的破坏力还是比较大的，一旦发作可能比个人计算机病毒更厉害，其传播速度甚至会更快。

黑客如果对手机进行攻击，通常有三种表现方式：一是攻击 WAP 服务器使 WAP 手机无法接收正常信息；二是攻击、控制"网关"，向手机发送垃圾信息；三是直接攻击手机本身，使手机无法提供服务，这种破坏方式难度相对较大，目前的技术水平还很难达到。为防范手机病毒，应该尽量少从网上下载信息，平时注意短信息中可能存在的病毒，也可以对手机进行病毒查杀。

目前应对手机病毒的主要技术措施有两种：一是通过无线网站对手机进行杀毒；二是通过手机的 IC 接入口或红外传输口进行杀毒。

在新型网络环境下，滋生了许多新概念病毒，新时代下的计算机病毒越来越"智能"。针对这种状况，除了需要反病毒技术的不断提高外，还需要计算机用户提高防范病毒的意识，只有大家共同努力，才可能有效地遏制病毒的破坏。

七、计算机网络病毒的危害

在现阶段，由于计算机网络系统的各个组成部分、接口以及各连接层次的相互转换环节都不同程度地存在着某些漏洞和薄弱环节，而网络软件方面的保护机制也不完善，使得病毒通过感染网络服务器，进而在网络上快速蔓延，并影响到各网络用户的数据安全以及计算机的正常运行。一些良性病毒不直接破坏正常代码，只是为了表示它的存在，可能会干扰屏幕的显示，或使计算机的运行速度减慢。一些恶性病毒会明确地破坏计算机的系统资源和用户信息，造成无法弥补的损失。所以计算机网络一旦染上病毒，其影响要远比单机染上病毒更大，破坏性也更大。

计算机网络病毒的具体危害主要表现在以下几个方面。

（1）病毒发作对计算机数据信息的直接破坏。大部分病毒在发作时直接破坏计算机的重要信息数据，所利用的手段有格式化磁盘、改写文件分配表和目录区、删除重要文件或者用无意义的"垃圾"数据改写文件以及破坏CMOS设置等。

（2）占用磁盘空间和对信息的破坏。寄生在磁盘上的病毒总要非法占用一部分磁盘空间。引导型病毒是由病毒本身占据磁盘引导扇区，而把原来的引导区转移到其他扇区，被覆盖的扇区数据永久性丢失，无法恢复。文件型病毒利用一些DOS功能进行传染，这些DOS功能可以检测出磁盘的未用空间，把病毒的传染部分写到磁盘的未用空间去，所以一般不破坏磁盘上的原有数据，只是非法侵占磁盘空间。一些文件型病毒传染速度很快，在短时间内感染大量文件，每个文件都不同程度地加长了，造成磁盘空间的严重浪费。

（3）抢占系统资源。除极少数病毒外，大多数病毒在活动状态下都是常驻内存的，这就必然会抢占一部分系统资源。病毒所占用的内存长度大致与病毒本身长度相当。病毒抢占内存，导致内存减少，会使一部分较大的软件不能运行。此外，病毒还抢占中断，计算机操作系统的很多功能是通过中断调用技术来实现的，病毒为了传染发作，总是修改一些有关的中断地址，从而干扰系统的正常运行。网络病毒会占用大量的网络资源，使网络通信变得极为缓慢，甚至无法使用。

（4）影响计算机运行速度。病毒进驻内存后不但干扰系统运行，还影响计算机运行速度，主要表现在病毒为了判断传染发作条件，会对计算机的工作状态进行监视，这对于计算机的正常运行既多余又有害。有些病毒为了保护自己，不但在磁盘上处于静态病毒时加密，而且进驻内存转变为动态病毒后也处在加密状态，CPU 每次寻址到病毒处都要运行一段解密程序把加密的病毒解密成合法的 CPU 指令再执行；而病毒运行结束时再用一段程序对病毒重新加密，这样 CPU 要额外执行数千条甚至上万条指令。另外，病毒在进行传染时同样要插入非法的额外操作，特别是传染软盘时不但使计算机速度明显变慢，而且软盘正常的读写顺序也会被打乱，发出刺耳的噪声。

（5）计算机病毒错误与不可预见的危害。计算机病毒与其他计算机软件的区别是病毒的无责任性。编制一个完善的计算机软件需要耗费大量的人力、物力，并要经过长时间调试测试。而病毒都是个别人在一台计算机上匆匆编制调试后就向外抛出的。反病毒专家在分析大量病毒后发现，绝大部分病毒都存在不同程度的错误。

（6）病毒的另一个主要来源是变种病毒。有些计算机初学者尚不具备独立编制软件的能力，出于好奇，修改别人的病毒，生成变种病毒，其中就隐含着很多错误。计算机病毒错误所产生的后果往往是不可预见的，有可能比病毒本身的危害还要大。

（7）计算机病毒给用户造成严重的心理压力。据有关计算机销售部门统计，用户怀疑"计算机有病毒"而提出咨询约占售后服务工作量的 60% 以上。经检测确实存在病毒的约占 70%，另有 30% 的情况是用户怀疑有病毒。那么用户怀疑计算机有病毒的理由是什么呢？多半是出现诸如计算机死机软件运行异常等现象。这些现象确实很有可能是计算机病毒造成的，但又不全是。

实际上在计算机工作异常的时候很难要求一位普通用户去准确判断是否是病毒所为。大多数用户对病毒采取宁可信其有的态度，这对于保护计算机安全无疑是十分必要的，然而往往要付出时间、金钱等代价。另外，仅仅由于怀疑有病毒而格式化磁盘所带来的损失更是难以弥补。

第二节　几种典型病毒的分析

一、CIH 病毒

1.CIH 病毒简介

CIH 病毒是我国一位大学生编写的，目前传播的主要途径是 Internet 和电子邮件。

CIH 病毒属于文件型病毒，主要感染 Windows 9X 下的可执行文件。CIH 病毒使用了面向 Windows 的 VxD 技术，使得这种病毒传播的实时性和隐蔽性都很强。

CIH 病毒至少有 v1.0、v1.1、v1.2、v1.3、v1.45 个版本。v1.0 版本是最初的 CIH 版本，不具有破坏性；v1.1 版本能自动判断运行系统，如是 Windows NT，则自我隐藏，被感染的文件长度并不增加；v1.2 版本增加了破坏用户硬盘及 BIOS 的代码，成为恶性病毒，发作日为每年的 4 月 26 日；v1.3 版本发作日为每年的 6 月 26 日；v1.4 版本发作日为每月的 26 日。

2.CIH 病毒的破坏性

CIH 病毒感染 Windows 可执行文件，却不感染 Word 和 Excel 文档；感染 Windows 9X 系统，却不感染 Windows NT 系统。

CIH 病毒采取一种特殊的方式对可执行文件进行感染，感染后的文件大小没有变化，病毒代码的大小在 1 KB 左右。当一个已染毒的 .exe 文件被执行时，CIH 病毒驻留内存，在其他程序访问时对它们进行感染。

CIH 最大的特点就是对计算机硬盘及 BIOS 具有超强的破坏能力。在病毒发作时，病毒从硬盘主引导区开始依次往硬盘中写入垃圾数据，直到硬盘数据全被破坏为止。因此，当 CIH 被发现时，硬盘数据已经遭到破坏，当用户想到要采取措施时，面临的可能已经是一台瘫痪的计算机了。

CIH 病毒发作时，还试图覆盖 BIOS 中的数据。一旦 BIOS 被覆盖掉，机器将不能启动，只能对 BIOS 进行重写。

3. 判断感染 CIH 病毒的方法

有两种简单的方法可以判断是否已经感染上了 CIH 病毒。

（1）一般来讲，CIH 病毒只感染 .exe 可执行文件，可以用 Ultra Edit 打开一个常用的 .exe 文件（如记事本 NotePad.exe 或写字板 WordPad.exe），然后单击"切换十六进制模式按钮（H）"，再查找"CIHv1."，如果发现"CIHv1.2"、"CIHvl.3"或"CIHvl.4"等字符串，则说明计算机已经感染 CIH 病毒了。

（2）感染了 CIHv1.2 版，则所有 WinZip 自解压文件均无法自动解开，同时会出现信息"WinZip 自解压首部中断。可能原因:磁盘或文件传输错误。"感染了 CIHv1.3 版，则部分 WinZip 自解压文件无法自动解开。如果遇到以上情况，有可能已感染上 CIH 病毒了。

4. 防范 CIH 病毒的措施

首先，应了解 CIH 病毒的发作时间，如每年的 4 月 26 日、6 月 26 日及每月的 26 日。在病毒暴发前夕，提前进行查毒、杀毒，同时将系统时间改为其后的时间，如 27 日。

其次，杜绝使用盗版软件，使用正版杀毒软件，并在更新系统或安装新的软件前，对系统或新软件进行一次全面的病毒检查，做到防患于未然。

最后，一定要对重要文件经常进行备份，以防计算机被病毒破坏时及时恢复。

5.感染了 CIH 病毒的处理

首先，注意保护主板的 BIOS。应了解自己计算机主板的 BIOS 类型，如果是不可升级的，用户不必惊慌，因为 CIH 病毒对这种 BIOS 的最大危害，就是使 BIOS 返回到出厂时的设置，用户只要将 BIOS 重新设置即可。如果 BIOS 是可升级的，用户就不要轻易地从 C 盘重新启动计算机（否则 BIOS 就会被破坏），而应及时地进入 BIOS 设置程序，将系统引导盘设置为 A 盘，然后用 Windows 的系统引导软盘启动系统到 DOS7.0，对硬盘进行一次全面查毒。

其次，由于 CIH 病毒主要感染可执行文件，不感染其他文件，因此用户在彻底清除硬盘所有的 CIH 病毒后，应该重新安装系统软件和应用软件。

最后，如果硬盘数据遭到破坏，可以直接使用杀毒软件来恢复。根据提示操作，就可以对硬盘进行恢复。恢复完毕后，重新启动计算机，数据将会失而复得。

二、宏病毒

1.宏病毒简介

宏病毒是一种使用宏编程语言编写的病毒，主要寄生于 Word 文档或模板的宏中。一旦打开这样的文档，宏病毒就会被激活，进入计算机内存，并驻留在 Normal 模板上。从此以后，所有自动保存的文档都会感染上宏病毒，如果网上其他用户打开了感染病毒的文档，宏病毒又会转移到他的计算机上。

宏病毒通常使用 VB 脚本影响微软的 office 组件或类似的应用软件，其大多通过邮件传播。最有名的例子是 1999 年的美丽杀手病毒（Melissa），通过 Oulook 把自己放在电子邮件的附件中自动寄给其他收件人。

2.宏病毒的特点

（1）感染数据文件。以往病毒只感染程序，不感染数据文件，而宏病毒专门感染数据文件，彻底改变了人们的"数据文件不会传播病毒"的认识。

（2）多平台交叉感染。宏病毒冲破了以往病毒在单一平台上传播的局限。当 Word、Excel 这类常用的应用软件在不同平台（如 Windows、OS/2 和 Macintosh）上运行时，会被宏病毒交叉感染。

（3）容易编写。以往病毒是以二进制的机器码形式出现的，而宏病毒则是以人们容易阅读的源代码形式出现的，所以编写和修改宏病毒更容易，这也是前几年宏病毒的数量居高不下的原因。

（4）容易传播。只要一打开带有宏病毒的电子邮件，计算机就会被宏病毒感染。此后，打开或新建文件都有可能染上宏病毒，这导致了宏病毒的感染率非常高。

3. 宏病毒的预防

防治宏病毒的根本措施在于限制宏的执行，以下是一些行之有效的方法。

（1）禁止所有自动宏的执行。在打开 Word 文档时，按住 Shift 键，即可禁止自动宏，从而达到防治宏病毒的目的。

（2）检查是否存在可疑的宏。当怀疑系统带有宏病毒时，首先应检查是否存在可疑的宏，特别是一些奇怪名字的宏肯定是病毒无疑，将它删除即可。即使删除错了，也不会对 Word 文档内容产生任何影响，仅仅是少了相应的"宏功能"而已。具体做法是，选择 [工具] 菜单中的 [宏] 命令，打开 [宏] 对话框，选择要删除的宏，单击 [删除] 按钮即可。

（3）按照自己的习惯设置。针对宏病毒感染 Normal.dot 模板的特点，可重新安装 Word 后建立一个新文档，将 Word 的工作环境按照自己的使用习惯进行设置，并将需要使用的宏一次编制好，做完后保存新文档。这时生成的 Normal.dot 模板绝对没有宏病毒，可将其作为备份。在遇到有宏病毒感染时，用备份的 Normal.dot 模板覆盖当前的模板，消除宏病毒。

（4）使用 Windows 自带的写字板。在使用可能有宏病毒的 Word 文档时，先用 Windows 自带的写字板打开文档，将其转换为写字板格式的文件保存后，再用 Word 调用。因为写字板不调用也不保存任何宏，文档经过这样的转换，所有附带的宏（包括宏病毒）都将丢失，这条经验特别有用。

（5）提示保存 Normal 模板。大部分 Word 用户仅使用普通的文字处理功能，很少使用宏编程，对 Normal.dot 模板很少去进行修改。因此，可以选择 [工具][选项] 命令，打开 [保存] 选项卡，选中 [提示保存 Normal 模板] 复选框。一旦宏病毒感染了 Word 文档，退出 Word 时，Word 就会出现 [更改的内容会影响到公用模板 Normal，是否保存这些修改内容？] 的提示信息，此时应单击 [否] 按钮，退出后进行杀毒。

（6）使用 .rtf 和 xsv 格式代替 .doc 和 .xls。要想应付宏所产生的问题，可以使用 .rtf 格式的文档来代替 .doc 格式，用 .csv 格式的电子表格来代替 .xls 格式，因为这些格式不支持宏功能。在与其他人交换文件时，使用 .rtf 和 .csv 格式的文件最安全。

三、蠕虫病毒

1. 蠕虫病毒的定义

蠕虫病毒是一种通过网络传播的恶性病毒，通过分布式网络来扩散传播特定的信息或错误，进而造成网络服务遭到拒绝并发生死锁。

蠕虫病毒是一种广义的计算机病毒。但蠕虫病毒又与传统的病毒有许多不同之处，如不利用文件寄生、导致网络拒绝服务、与黑客技术相结合等。在产生的破坏性上，蠕虫病毒也不是普通病毒所能比拟的，它和普通病毒的主要区别如表 4-1 所示。

表 4-1　普通病毒与蠕虫病毒的比较

病毒类型	普通病毒	蠕虫病毒
存在形式	寄生于文件	独立程序
传染机制	宿主程序运行	主动攻击
传染目标	本地文件	网络计算机

2. 蠕虫病毒的基本结构和传播过程

（1）蠕虫病毒的基本程序结构包括以下三个模块。

① 传播模块。负责蠕虫的传播，传播模块又可以分为三个基本模块，即扫描模块、攻击模块和复制模块。

② 隐藏模块。侵入主机后，隐藏蠕虫程序，防止被用户发现。

③ 目的功能模块。实现对计算机的控制、监视或破坏等功能。

（2）蠕虫程序的一般传播过程如下。

① 扫描。由蠕虫的扫描模块负责探测存在漏洞的主机。当程序向某个主机发送探测漏洞的信息并收到成功的反馈信息后，就得到一个可传播的对象。

② 攻击。攻击模块按漏洞攻击步骤自动攻击上一步骤中找到的对象，取得该主机的权限（一般为管理员权限），获得一个 Shell（计算机壳层）。

③ 复制。复制模块通过原主机和新主机的交互将蠕虫程序复制到新主机并启动。可见，传播模块实现的实际上是自动入侵的功能，所以蠕虫的传播技术是蠕虫技术的核心。

3. 蠕虫病毒实例——爱情后门

爱情后门（Worm.Lovgate）是一种危害性很强的螺虫病毒，其发作时间是随机的，主要通过网络和邮件来传播，感染对象为硬盘文件夹。

当病毒运行时，将自己复制到 WINDOWS 目录下，文件名为 winrpcsrv.exe 并注册成系统服务，然后把自己分别复制到 SYSTEM 目录下，文件名为 syshelp.exe、wingate.exe，并在注册表 RUN 项中加入自身键值。病毒利用 Nudll 提供的 API 找到 ISaaSS 进程，并对其植入远程后门代码（该代码将响应用户 TCP 请求建立一个远程 Shell 进程，Windows 9X 为 command.com，Windows NT/2000/XP 为 cmd.exe），之后病毒将自身复制到 WINDOWS 目录并尝试在 win.ini 中加入 run=rpcsrv.exe，并进入传播流程。

（1）爱情后门病毒的发作过程。

① 密码试探攻击。病毒利用 IPC 对 Guest 和 Administrator 账号进

行简单密码试探，如果成功则将自己复制到对方的系统中，文件路径为 System32\\stg.exe，并注册成服务，服务名为 Windows Remote Service。

② 放出后门程序。病毒从自身体内放出一个 .dll 文件，负责建立远程 Shell 后门。

③ 盗用密码。病毒放出一个名为 win32vxd.dll 的文件（hook 函数）用以盗取用户密码。

④ 后门。病毒本身也将建立一个后门，等待用户联入。

⑤ 局域网传播。病毒穷举网络资源，并将自己复制过去。随机选取病毒体内的文件名，有以下这些文件，如 humor.exe、flin.exe、docs.exe、s3msong.exe、midsong.exe、billgt.exe、Card、EXE、SETUP、EXE、searchURL.exe、tamagotxi.exe、hamster.exe、news_doc.exe、PsPGame. exe、joke.exe、images.exe 矛口 pics，exe 等。

⑥ 邮件地址搜索线程。病毒启动一个线程通过注册表 Software\\Microft\\Windowsl\CurrentVersion\\Explorer\\Shell Folders 得到系统目录，并从中搜索 *.ht* 中的 E-mail 地址，用以进行邮件传播。

⑦ 发邮件。病毒利用搜索到的 E-mail 地址进行邮件传播。邮件标题随机地从病毒体内选出：

Cracks!

The patch

Last Update

Test this ROM!IT ROCKS!.

Adult content!!!Use with parental advi

Check our list and mail your requests!

I think all will work fine.

Send reply if you want to be officialb

Test it 30days for free.

（2）计算机中病毒的特征。

① 计算机感染爱情后门病毒后，会出现下面的全部或部分症状。

② D、E、F、G 盘不能双击打开，硬盘驱动器根目录下存在 automn.inf 文件。

③ 在每个硬盘驱动器根目录下存在很多 .zip 和 .rar 压缩文件，文件名多为 pass，work，install，letter，大小约为 126 KB。

④ 在每个硬盘驱动器根目录下都存在 command.exe 文件。

⑤ hxdef.exe、iexplore.exe、netmanager.exe、netmeeting.exe、winhelp.exe 等进程占用 CPU 资源。

⑥ 用命令 Nelstat-an 查看网络连接，会发现有很多端口处于连接或监听状态，网络速度极慢。

⑦ 用杀毒软件杀毒后出现 Windows 无法找到 command.exe 文件，要求定位该文件。

⑧ 在任务管理器上看到多个 end.exe 进程。

（3）病毒的清除。

爱情后门病毒有很多个变种，每个变种的感染方式不尽相同，所以清除病毒的最好方法是使用专业的杀毒软件。

具体的处理过程可按以下步骤进行。

① 给系统账户设置足够复杂的登录密码，建议使用字母＋数字＋特殊字符。

② 关闭共享文件夹。

③ 给系统打补丁。

④ 升级杀毒软件病毒库，断开网络的物理连接，关闭系统还原功能后进入安全模式使用杀毒软件杀毒。

这个处理过程适用于所有病毒。一般的杀毒过程都必须经过这几步，才能保证彻底地清除病毒。

四、木马病毒

1.木马病毒定义

木马的全称为特洛伊木马（Trojan Horse，简称为 Trojan），在计算机安全学中，特洛伊木马是指一种计算机程序，表面上或实际上具有某种有用的功能，而含有隐藏的可以控制用户计算机系统、危害系统安全的功能，可能造成用户资料的泄露、破坏或整个系统的崩溃。在一定程度上，木马也可以称为计算机病毒。

2.木马病毒工作原理

在 Windows 系统中，木马一般作为一个网络服务程序在感染了木马的计算机后台运行，监听本机一些特定端口，这个端口号多数比较大（5000 以上，但也有部分是 5000 以下的）。当该木马相应的客户端程序在此端口上请求连接时，它会与客户程序建立一个 TCP 连接，从而被客户端远程控制。

木马一般不会让人看出破绽，对于木马程序设计人员来说，要隐藏自己所设计的窗口程序，主要途径有：在任务栏中将窗口隐藏，只要把 Form 的 Visible 属性调整为 False，Show-In Task Bar 也设置为 False。那么程序运行时它就不会出现在任务栏中了。如果要在任务管理器中隐身，只要将程序调整为系统服务程序即可。

木马是在计算机刚开机的时候运行的，进而常驻内存。其大都采用了 Windows 系统启动时自动加载应用程序的方法，包括 win.ini、system.ini 和注册表等。

在 win.ini 文件中，\[WINDOWS\] 下面，"run=" 和 "load=" 行是 Windows 启动时要自动加载运行的程序项目，木马可能会在这里现出原形。一般情况下，它们的等号后面什么都没有，如果发现后面跟有路径与文件名，而且不是熟悉的或以前没有见到过的启动文件项目，那么该计算机就可能中木马病毒了。当然也得看清楚，因为好多木马还通过其容易混淆的文件名来愚弄用户。例如，AOL Trojan 把自身伪装成 command.exe 文件，如果不注意可能不会发现它，而误认它为正常的系统启动文件。

在 system.ini 文件中，\[BOOT\] 下面有 "shell=Explorer.exe" 项。如果等号后面不仅仅是 explorer.exe，而是 "sell=Explorer.exe 程序名"，那么后面跟着的那个程序就是木马程序，说明该计算机中了木马。

隐蔽性强的木马都在注册表中做文章，因为注册表本身就非常庞大、众多的启动项目极易掩人耳目。

HKEY-LOCAL-MACHINE\\Software\\Microsoft\\Windows\\CurrentVersion\Run

HKEY-LOCAL-MACHINE\\Software\\Microsoft\\Windows\\CurrentVersion\\RunOnce

HKEY-LOCAL-MACHINE\\Software\\Microsoft\\Windows\\CurrentVersion\\RunOnceEx

HKEY-LOCAL-MACHINE\\Software\\Microsoft\\Windows\\CurrentVersion\\RunServices

HKEY-LOCAL-MACHINE\\Software\\Microsoft\\Windows\\CurrentVersion\\RunService-sOnce

上面这些主键下面的启动项目都可以成为木马的藏身之处。如果是 WindowsNT，还需要注意 HKEY-LOCAL-MACHINE\\Soflware\\SAM 下的内容，通过 regedit 等注册表编辑工具查看 SAM 主键，里面应该是空的。

木马驻留在计算机内存以后，还要有客户端程序来控制才可以进行相应的 "黑箱" 操作。客户端要与木马服务器端进行通信就必须建立连接（一般为 TCP 连接），通过相应的程序或工具都可以检测到这些非法网络连接的存在。

3. 木马病毒的检测

首先，查看 system.ini、win.ini、启动组中的启动项目。选择 [开始][运行] 命令后输入 msconfig，运行 Windows 自带的 "系统配置实用程序"。

（1）查看 system.ini 文件。选中 System.ini 标签，展开 \[boot\] 目录，查看"shell="行，正常应为"shell=Explorer.exe"，如果不是则可能中木马了。

（2）查看 win.ini 文件。选中 win.ini 标签，展开 \[windows\] 目录，查看"run="和"load="行，等号后面正常应该为空。

（3）查看启动组。再看启动标签中的启动项目,有没有什么非正常项目?如果有类似 netbus、netspy、bo 等关键词，很有可能是染上木马病毒了。

（4）查看注册表。选择 [开始]\|[运行] 命令，输入 rgedit，单击 [确定] 按钮就可以运行注册表编辑器。再展开至"HKEY-LOCAL-MACHINE Software Microsoft Windows Current VersionRun"目录下，查看键值中有无自己不熟悉的自动启动文件项目，比如 netbus、netspy、netserver 等的关键词。

注意，有的木马程序生成的服务器程序文件很像系统自身的文件，想由此伪装蒙混过关。比如 Aeid Battery 木马，它会在注册表项"HKEY-L0CAL-MACHINESOFTW ARE Microsoft Windows Current VersionRun"下加入 Expl-orer="CWINDOWSexpiorer.exe"，木马服务器程序与系统自身的真正的 Explorer 之间只有一个字母的差别！

通过类似的方法对下列各个主键下面的键值进行检查：

HKEY-LOCAL-MACHINE\\Software\\Microsoft\\W indows\\CurrentVersion\RunOnce

HKEY-LOCAL-MACHENE\\Software\\Microsoft\\W indows\\CurrentVersion\\RunOnceEx

HKEY-LOCAL-MACHES\E\\Software\\Microsoft\\W indows\\CurrentVersion\\RunSer-Vices

HKEY-LOCAL-MACHENE\\Software\\Microsoft\\W indows\\CurrentVersion\\RunSevice-sOnce

如果操作系统是 Windows NT，还得注意 HKEY-LOCAL-MACHINE\\Software\\SAM 下面的内容，如果有项目，则很有可能就是木马了。正常情况下，该主键下面是空的。

当然在注册表中还有很多地方都可以隐藏木马程序，上面这些主键是木马比较常用的隐身之处。此外，像 HKEY-CURRENT-USERII Software\\Microsoft\\Windows\\CurrentV ersion\\Run、HKEY-USERS****\\Software\\Microsoft\\Windows\\CurrentVersion\\Run 的目录下都有可能成为木马的藏身之处。最好的办法就是在 HKEY-LOCAL-MACHINE\\Software\\Microsof\\W indows\\CurrentVersion\\Run 或其他主键下面找到木马程序的文件名，再通过其文件名对整个注册表进行全面搜索就知道它有几个藏身的地方了。

如果稍加留意，注册表各个主键下都会有个叫"（默认）"名称的注册项，而且数据显示为"（未设置键值）"，也就是空的，这是正常现象。如果发现这个默认项被替换了，那么替换它的就是木马了。

（5）其他方法。上网过程中，在进行一些计算机正常使用操作时，如果发现计算机速度明显发生变化、硬盘在不停地读写、鼠标不听使唤、键盘无效、自己的一些窗口在未经过自己操作的情况下被关闭，或者新的窗口被莫名其妙地打开等，这一些不正常现象都可能是木马客户端在远程控制计算机的结果。

4. 木马病毒的删除

首先将网络断开，以排除来自网络的影响，再选择相应的方法删除它。

（1）通过木马的客户端程序删除。根据前面在 win.ini、system.ini 和注册表中查找到的可疑文件名判断木马的名字和版本，比如"netbus""netspy"等，对应的木马就是 NETBUS 和 NETSPY。从网上找到其相应的客户端程序，下载并运行该程序，在客户端程序对应位置填入本地计算机地址 127.0.0.1 和端口号，就可以与木马程序建立连接。再由客户端的卸除木马服务器的功能来卸除木马。端口号可用"nelstat-a"命令查找。

用这种方法清除木马最容易，相对来说比较彻底，但也存在一些弊端，如果木马文件名被更名，就无法通过这些特征来判断到底是什么木马了。如果木马被设置了密码，即使客户端程序可以连接上，没有密码也登录不进本地计算机。另外，如果该木马的客户端程序没有提供卸载木马的功能，那么该方法就无效了。

（2）手工删除。如果不知道中的是什么木马、无登录的密码、找不到其相应的客户端程序等，那就只能手工删除木马。

用 msconfig 打开系统配置实用程序，对 win.ini、system.ini 和启动项目进行编辑。屏蔽掉非法启动项。如在 win.ini 文件中，将 WINDOWS 选项的 "run=xxx" 或 "load=xx" 更改为 "run=" 和 "load="；编辑 system.ini 文件，将 BOOT 选项的 "shell=xx"，更改为 "Shell=Explorer.cxc"。

用 regedit 命令打开注册表编辑器，对注册表进行编辑。先根据上面提供的方法找到木马的程序名，再在整个注册表中搜索，并删除所有木马项目。由查找到的木马程序注册项，分析木马文件在硬盘中的位置。启动到纯 MS-DOS 状态（而不是在 Windows 环境中开个 MS-DOS 窗口），用 del 命令将木马文件删除。如果木马文件是系统、隐藏或只读文件，还要通过 "attrib-s-h-r" 将对应文件的属性改变，才可以删除。

为保险起见，重新启动以后再由上面各种检测木马的方法对系统进行检查，以确保木马的确被删除了。

目前，也有一些木马是将自身的程序与 Windows 的系统程序进行了绑定（也就是感染了系统文件）。比如常用到的 explorer.exe，只要 explorer.exe 开始运行，木马也就启动了。这种木马可以感染可执行文件。由手工删除文件的方法处理木马后，一运行 explorer.exe，木马又得以复生！这时要删除木马就得连 explorer.exe 文件一起删除掉，再从其他相同操作系统版本的计算机中将该文件复制过来。

5. 木马病毒实例

Internet 上每天都有新的木马出现，所采取的隐蔽措施也是五花八门。下面介绍几种常见的清除木马病毒的方法。

（1）trojan.agent 病毒的清除。清除 trojan.agent 病毒可在安全模式下进行以下处理。

① 重启计算机进入安全模式。

② 通过控制面板打开 [添加删除程序] 对话框，找到 windirected2.0 并卸载。

③ 在安全模式下，打开控制面板的 Internet 选项，单击 [删除文件] 按钮，打开删除文件对话框，选中 [删除所有脱机内容] 复选框。

④ 在安全模式下删除以下文件夹。

C：\\Windows\\System32\\mscache

C：\\Windows\\System32\\msicn

⑤ 重启计算机到正常模式，再用杀毒程序全盘扫描。

（2）Trojan.psw.agent.any 病毒的清除。Trojan.psw.agent.any 病毒会自动将用户的 IE 主页锁定为一个名叫 "9505 上网导航" 的网站，并会自动从网上下载新的变种病毒。该病毒运行后会将自身复制到系统文件目录中，文件名为 mprtdll，同时将自身复制到 QQ 软件安装目录下，并从互联网上下载染毒的 riched32.dll 文件覆盖原有文件，使用户启动 QQ 时自动运行病毒。该病毒还会修改系统配置文件，使用户访问其他网站时自动跳转到 "9505 上网导航" 网站。

可以采取以下措施预防和清除 trojan.psw.agent.any 病毒。

① 升级杀毒软件到最新版本，同时开启实时监控程序，防止病毒入侵。

② 在个人防火墙的网站访问控制黑名单中加入地址，并开启家长保护功能，阻断病毒的升级途径。

③ 如果发现 IE 浏览器的首页被莫名其妙地设置为 "9505 上网导航" 网站，请立即使用杀毒软件查毒。

（3）trojan.dropper 病毒的清除。TROJAN.Dropper，即木马捆绑和伪装工具，可以把木马捆绑到其他文件上。如果同时按下 Ctrl+Alt+Del 组合键打开 [Windows 任务管理器]，单击进程，可发现以下进程：hmisvc32.exe、 email.exe、oi.exe、ctsvccd.exe、adservice.exe、msmonk32.exe、gesfm32.exe，说明该计算机可能感染了 w32.randex2、w32.spybot 脚本间谍蠕虫病毒、trojan.dropper 点滴木马等病毒，可采用以下方法解决。

① 关闭系统还原的功能（Windows Me/XP）。

② 联上网络更新病毒定义库。

③ 更新完后重新开机（按 F8 键），并且开机到安全模式或者 VGA 模式。

④ 执行全系统的扫描，并且删除侦测到有感染病毒的所有档案。

⑤ 删除被病毒自行增加到登录文件的登录值。

（4）Trojan.dl 病毒的清除。Trojan.dl 病毒是一种在 Windows 系统下的特洛伊木马，一般是 PE（可移植的执行体，Portable Executable）病毒。

PE 是 Windows 下的一个 32 位的文件格式，可以在安全模式下删除，其危害和一般病毒是一样的，只不过病毒通过修改可执行文件的代码中程序入口地址，变成病毒的程序入口，导致运行时执行病毒文件。

trojan.dl.agent 病毒是一个代理木马，该木马的进程文件是 dlmain 或 dlmain.dll，是用于黑客恶意攻击计算机的跳板，或代替黑客完成其他恶意任务。

代理下载器变种 BE（tojan.dl.agent.be）木马病毒通过网络传播，病毒运行后将自己安装到系统目录，同时修改系统配置文件，实现开机自动运行。病毒会连接网页，下载其他的病毒和木马程序。下载的病毒或木马可能会盗取用户的账号、密码等信息并发送到黑客指定的信箱中。根据这些特点，应该先管理启动项，把同病毒有关的程序删除，然后用杀毒软件对计算机进行检查，找到病毒的安装路径后全部删除，再进入注册表查找同病毒有关的键值，全部删除。

如果您的操作系统是 Windows XP，可按以下步骤删除 Trojan.DL.Agent.be 病毒。

① 启动计算机按 F8 键进入安全模式，然后删除以下三个文件：

C：\\%windows\\%system321VIPTray.exe

C：\\%windows\\%system32\WinDefendor.dll

C：\\%windows\\%sy stem32\\friendly.exe

② 修复注册表键值修改之前请务必备份注册表）为 HKEY_LOCAL MACHINE\\SOFTWARE\\Microsoft\\Windows NT\\CurrentVersion\ Winlogon。

修改键值 System 为空（即将键值 System 指向的数值数据删除）。

删除注册表中与 WinDefendor.dll 相关的键值。

③ 重新启动计算机。

第三节　计算机病毒的症状

计算机病毒是一段程序代码，虽然可能隐藏得很好，但也会留下蛛丝马迹。通过对这些痕迹的观察和判别，就能够发现病毒。

根据病毒感染和发作的阶段，计算机病毒的症状可以分为三个阶段，即计算机病毒发作前症状、病毒发作时症状和病毒发作后症状。

一、计算机病毒发作前的症状

计算机病毒发作前是指从病毒感染计算机系统、潜伏在系统内开始，一直到激发条件满足、病毒发作之前的一个阶段。在这个阶段，计算机病毒的行为主要是以潜伏和传播为主。计算机病毒会以各种手法来隐藏自己，在不被发现的同时，又自我复制，以各种手段进行传播。

计算机病毒发作前常见的症状如下。

（1）计算机运行速度变慢。在硬件设备没有损坏或更换的情况下，本来运行速度很快的计算机速度明显变慢，而且重启后依然很慢。这很可能是计算机病毒占用了大量的系统资源，并且自身的运行占用了大量的处理器时间，造成系统资源不足所致。

（2）以前能正常运行的软件经常发生内存不足的错误。某个以前能够正常运行的程序，程序激活时或使用应用程序中的某个功能时显示内存不足。这很可能是由于计算机病毒驻留后占用了大量内存空间造成的。

（3）运行正常的计算机突然死机。病毒感染了计算机系统后，将自身驻留在系统内并修改了中断处理程序等，引起系统工作不稳定，造成死机现象。

（4）操作系统无法正常激活。关机后再激活，操作系统报告缺少必要的激活文件，或激活文件受损，系统无法激活。这很可能是计算机病毒感染系统文件后使文件结构发生了变化，无法被操作系统加载和引导。

（5）打印和通信发生异常。在硬件没有被更改或遭到损坏的情况下，以前工作正常的打印机突然发现无法打印或打印出来的是乱码；串口设备无法正常工作，如调制解调器不拨号等。这很可能是计算机病毒驻留内存后占用了打印端口，串行通信端口的中断服务程序，使之不能正常工作。

二、计算机病毒发作时的症状

计算机病毒发作是指计算机满足病毒发作的条件，病毒被激活，并开始破坏行为的阶段。计算机病毒发作时的表现各不相同，这与计算机病毒编写者的心态、所采用的技术手段等密切相关。

计算机病毒发作时常见的症状如下。

（1）出现不相干的语句。这是最常见的一种现象。

（2）播放一段音乐。这类病毒大多属于良性病毒。

（3）产生特定的图像。单纯地产生图像的计算机病毒大多是良性病毒，只是在发作时破坏用户的显示界面，干扰用户的正常工作。

（4）扰乱屏幕显示。病毒被激活时，会有多种扰乱屏幕显示的现象发生，如病毒使屏幕显示内容不断抖动等。

（5）硬盘灯不断闪烁。硬盘灯闪烁说明有硬盘读、写操作。当对硬盘进行持续、大量的操作时，硬盘灯就会不停地闪烁，如格式化或者写入很大的文件，或者对某个硬盘扇区或文件反复读取。

（6）破坏写盘操作。病毒被激活时计算机不能写盘，或者写操作改为读操作，或者在写盘时丢失写入文件的部分内容。

（7）速度下降。病毒激活时，病毒内部的时间延迟程序启动。在时钟中断中纳入了长时间的循环计算，迫使计算机空转，速度明显下降。

（8）破坏键盘输入。病毒激活时，会对键盘的输入进行破坏。常见的现象有：每按一次键，扬声器响一声；病毒将键盘封住，使用户无法从键盘输入数据等。

（9）扬声器中发出异样的声音。病毒发作时，有时会使扬声器中发出异样的声音，如警笛声、炸弹声、扬声器鸣叫咔咔声、嘀嗒声等。

（10）占用或侵蚀大量内存。

（11）发出虚假警报。

（12）干扰内部命令的执行。病毒发作时，有时会干扰 DOS 内部命令的执行，使计算机死机或不能正常工作。

（13）计算机突然死机或重启。

（14）强迫用户玩游戏。有些恶作剧式的计算机病毒发作时，采用某些算法简单的游戏来中断用户的工作，强迫用户一定要玩赢了才能继续工作。

（15）攻击 CMOS。在计算机的 CMOS 区中，存有系统的重要设置数据，如系统时钟、磁盘类型、显示器类型、内存容量、加密的机器密码等。有的病毒被激活时，能够对 CMOS 区进行写入动作，破坏其中的重要数据。

（16）破坏文件。病毒激活时，有时会使用户打不开文件，或删除欲运行的文件；有时会保持文件的名称不变，而用其他的程序内容替换现在正在执行的文件；有时还会更改文件名。

（17）时钟倒转。

（18）Windows 桌面图标发生变化。

（19）自动发送电子邮件。

（20）鼠标自己动。

（21）干扰打印机。病毒会修改系统数据区中有关打印机的参数，使系统对打印机的控制紊乱，出现虚假报警；病毒使打印机打印输出异常，打印时断时续；病毒将送给打印机的字符进行替换，使打印的内容变形。

三、计算机病毒发作后的症状

大多数计算机病毒都属于恶性病毒，恶性病毒发作后往往会带来巨大损失。

（1）硬盘无法激活，数据丢失。硬盘的引导扇区被病毒破坏，无法激活计算机。有些计算机病毒修改硬盘的关键内容，使得原先保存在硬盘上的数据几乎完全丢失。

（2）以前能正常运行的应用程序经常发生死机或者非法错误。这可能是由于计算机病毒感染应用程序后破坏了应用程序的正常功能，或者计算机病毒程序本身存在着兼容性方面的问题造成的。

（3）系统文件丢失或被破坏。通常系统文件是不会被删除或修改的，除非对计算机操作系统进行升级。但是某些计算机病毒发作时会删除或破坏系统文件，导致计算机系统无法正常激活。

（4）文件目录发生混乱。文件目录发生混乱有两种情况：一种是确实将目录结构破坏，将目录扇区作为普通扇区，填入无意义的数据，且无法恢复；另一种是将真正的目录区转移到硬盘的其他扇区中，只要内存中存有该病毒，它就能够将正确的目录扇区读出，并且在应用程序需要访问该目录时提供正确的目录项，使得从表面上看来与正常情况没有两样。但是，一旦内存中没有该计算机病毒，通常的目录访问方式将无法访问到原先的目录扇区，这种破坏还是能够恢复的。

（5）病毒破坏宿主程序。病毒对宿主程序的感染采用覆盖重写的方法。被覆盖宿主程序的源代码丢失，主程序被永久性损坏，病毒还能使宿主程序变成碎片。此类病毒是恶性病毒，宿主程序染毒后只能被删除。病毒感染的频率越高，其杀伤力越大。

（6）部分文档丢失或被破坏。

（7）文件内容颠倒。在使用这些文件之前，病毒预先将其内容恢复原样，而使用户觉察不到。这些文件是以被病毒颠倒后的形态存入磁盘的。一旦消除了病毒，由于无法恢复原内容，这些文件将全部报废。

（8）部分文件自动加密码。有些计算机病毒利用加密算法，将加密密钥保存在病毒程序体内或其他隐蔽的地方，被感染的文件被加密，如果内存中驻留了这种病毒，那么在系统访问被感染的文件时它会自动将文件解密，使用户察觉不到。一旦这种计算机病毒被清除，那么被加密的文档就很难恢复。

（9）内部堆栈溢出。MS-DOS 系统内部有几个内部堆栈，不同类型的功能调用不同的内部堆栈。DOS 的不可重入，就是因为内部堆栈的值遭到破坏。有的病毒会导致 DOS 内部堆栈溢出。

（10）计算机重新激活时格式化硬盘。autoxec.bat 文件在每次系统重新激活时都会自动运行，病毒修改这个文件，并增加 Format C：项，导致计算机重新激活时硬盘被格式化。

（11）禁止分配内存。病毒常驻内存后，监视程序的运行，凡是要求分配内存的程序，运行将受阻。

（12）破坏主板。目前新型主板采用"软跳线"连接的越来越多，这正好给病毒以可乘之机。"软跳线"是指在 BIOS 中就能改动 CPU 的电压、外频和倍频。病毒可以通过修改 BIOS 参数，加高 CPU 电压使其过热而烧坏；或提高 CPU 的外频，使 CPU 和显卡、内存等外设超负荷工作而烧坏，这类事件的前兆就是死机。所以，如果发现计算机经常死机，就要立即到 CMOS 查看以上参数是否改动。目前很多新出的主板都有 CPU 温度监测功能，一旦

CPU 超温就立即降频报警，以免烧坏硬件。

（13）破坏光驱。光驱中的光头在读不到信号时就会加大激光发射功率，因而会降低光驱的寿命。病毒可以让光头走到盘片边缘无信号区域时不停地读盘，以加大光头发射功率，从而损坏光驱。因此要经常留意光驱灯的闪亮情况，判断光驱是否正常工作。

（14）破坏显卡。目前，很多中高档显卡都可以手动改变其芯片的频率，且修改的方法比较简单，在 Windows 9X 注册表中即可修改。这使病毒可以利用这种方法改动显卡的"显频"，迫使显卡超负荷工作直至烧坏。这种事件的前兆也是死机。所以，死机时不要忽视对"显频"的检查。

（15）花屏。如果显示器在使用过程中出现了花屏，要立即关掉显示器的电源，重新启动后进入安全模式再查找原因。

（16）浪费喷墨打印机的墨水。喷墨打印机的喷头很容易堵塞，为此打印机公司专门发明了浪费墨水的"清洗喷头"功能，即让大量墨水冲出喷头，清除杂物。于是病毒便趁此机会一次次调用该功能。预防这种病毒的唯一办法就是打印机不用时就关掉。其实只要经常注意打印机上的模式灯就可以了，清洗喷头时它通常是一闪一闪的。另外，还要仔细聆听它的声音，清洗喷头时打印头为了加热总是来回走动几下。

（17）系统文件的时间、日期、大小发生变化。这是最明显的计算机病毒感染迹象。计算机病毒感染应用程序文件后，会将自身隐藏在原始文件的后面，文件大小会有所增加，文件的访问、修改日期和时间也会被改为感染时的时间。

（18）打开的 Word 文档，如果另存该文件只能以模板方式保存。这往往是打开的 Word 文档中感染了 Word 宏病毒的缘故。

（19）磁盘空间迅速减少。这可能是由计算机病毒感染造成的。经常浏览网页、回收站中的文件过多、临时文件夹中的文件数量过多过大、计算机系统有过意外断电等情况也可能会造成可用的磁盘空间迅速减少。另外，在

Windows 95/98 下内存交换文件会随着应用程序运行的时间和进程的数量增加而增长；同时，运行的应用程序数量越多，内存交换文件就越大。

（20）网络驱动器卷或共享目录无法调用。对于有读权限的网络驱动器卷、共享目录等无法打开、浏览，或者对有写权限的网络驱动器卷、共享目录等无法创建、修改文件。虽然目前很少有纯粹针对网络驱动器卷和共享目录的计算机病毒，但计算机病毒的某些行为可能会影响对网络驱动器卷和共享目录的正常访问。

① 基本内存发生变化。在 DOS 下用 mem/c/p 命令查看系统中内存使用状况时，发现基本内存总字节数比正常的 640 KB 要小，一般少 1~2 KB。这通常是由于计算机系统感染了引导型计算机病毒所造成的。

② 陌生人发来的电子邮件。

③ 自动链接到一些陌生的网站。

第四节　反病毒技术

网络反病毒技术包括预防病毒、检测病毒和杀毒三种技术。

（1）预防病毒技术。它通过自身常驻系统内存，优先获得系统的控制权，监视和判断系统中是否有病毒存在，进而阻止计算机病毒进入计算机系统和对系统进行破坏。

（2）检测病毒技术。它是指通过病毒的特征来判断病毒行为、类型等的技术。

（3）杀毒技术。它通过对计算机病毒的分析，开发出具有删除病毒程序并恢复源文件的软件。

病毒的繁衍方式、传播方式不断地变化，反病毒技术也应该在与病毒对抗的同时不断推陈出新。"预防为主，治疗为辅"这一方针也完全适用于计算机病毒的处理。

一、预防病毒技术

防止计算机感染病毒主要有两种手段：一种是用户遵守和加强安全操作控制措施，从思想上重视病毒可能造成的危害；另一种是在安全操作的基础上，使用硬件和软件防病毒工具，利用网络的优势，把防病毒纳入网络安全体系中，形成一套完整的安全机制，使病毒无法逾越计算机安全保护的屏障，也就无法广泛传播。实践证明，通过这些防护措施和手段，可以有效地降低计算机系统被病毒感染的概率，保障系统的安全稳定运行。

1.病毒预防

对病毒的预防在病毒防治工作中起主导作用。病毒预防是一个主动的过程，不是针对某一种病毒，而是针对病毒可能入侵的系统薄弱环节加以保护和监控。而病毒治疗属于一个被动的过程，只有在发现一种病毒进行研究以后，才能找到相应的治疗方法，这也是杀毒软件总是落后于病毒软件的原因。所以，病毒的防治重点应放在预防上。

预防计算机病毒要从以下几个方面着手。

（1）检查外来文件。对从网络上下载的程序和文档应特别加以小心。在执行文件或打开文档之前，检查是否有病毒。使用抗病毒软件动态检测来自互联网（含 E-mail）的所有文件。电子邮件的附件必须先检查病毒再打开，并在发送邮件之前检查病毒。从外部取得的光盘及下载的文档，应检查病毒后再使用。压缩后的文件应在解压缩后先检查病毒。

（2）局域网预防。为减少服务器上文件感染的危险，网络管理员应使用以下一些网络安全措施。

① 用户访问约束，对可执行文件设置"read-only"或"executeonly"权限。

② 使用抗病毒软件动态检查使用的文件。

③ 用抗病毒软件经常扫描服务器，及时发现问题和解决问题。

④ 使用无盘工作站可以降低计算机网络感染的风险。

在网络上运行一个新软件之前，断开网络，在单独的计算机上运行测试，如果确认没有病毒，再到网络上运行。

（3）购买正版软件。购买或复制正版软件，可以降低感染的风险。另外，到可信赖的站点下载资源。但如何确定一个站点是安全的，目前还没有有效的方法。

（4）小心运行可执行文件。即使该文件是从文件服务器上下载的，也不要运行没有确认的文件。使用从可靠站点下载的程序，同时用抗病毒软件进行检测。如果该文件是从 BBS(网络论坛)或新闻组下载的，也不要匆忙运行。等一段时间，看有没有该类文件含病毒的报道。

使用一些能够驻留内存的防病毒软件，一旦被感染的文件执行，这些病毒软件会检测到该病毒，并阻止其继续运行。

（5）使用确认和数据完整性工具。这些工具保存磁盘系统区的数据和文件信息（校验和、大小、属性、最近修改时间等）。周期性地比较这些信息，发现不一致，则可能存在病毒或者木马。经常使用 MEM、CHKDSK 及 PCTOOLS 等工具检查内存的使用情况。若基本内存少于 640 KB，则有中毒的可能。

（6）周期性备份工作文件。备份源代码文件、数据库文件和文档文件等的开销远小于病毒感染后恢复它们的开销。

（7）留心计算机出现的异常。计算机异常包括操作突然中止、系统无法启动、文件消失、文件属性自动变更、程序大小和时间出现异常、非使用者意图的计算机自行操作、计算机有不明音乐传出或死机，硬盘的指示灯持续闪烁、系统的运行速度明显变慢及上网速度缓慢等。当发现硬盘资料已遭到破坏时，不必急于格式化硬盘，因为病毒不可能在短时间内将全部硬盘资料破坏，可利用灾后重建的解毒程序加以分析，重建受损扇区。

（8）及时升级抗病毒工具的病毒特征库和有关的杀毒引擎。升级工作应形成一种制度，制定升级周期。利用安全扫描工具定时扫描系统和主机。若发现漏洞，及时寻找解决方案，从而减少被病毒和蠕虫感染的机会。

（9）建立健全网络系统安全管理制度，严格操作规程和规章制度。管理好共享的个人计算机，确认何人、何时作何使用等。在整个网络中采用抗病毒的纵深防御策略，建立病毒防火墙，在局域网和 Internet 以及用户和网络之间进行隔离。

此外，还有其他的预防措施，如不需要每次从软盘启动，不要依赖于 BIOS 内置的病毒防护，不要过分相信文档编辑器内置的宏病毒保护等。

当使用一种能查能杀的抗病毒软件时，最好是先查毒，找到带毒文件后，再确定是否进行杀毒操作。因为查毒不是危险操作，它可能产生误报，但不会对系统造成任何损坏；而杀毒是危险操作，有可能破坏程序。

2. 网络病毒的防治

（1）基于工作站的防治方法。工作站是网络的门，只要将这扇门关好，就能有效地防止病毒的入侵。单机反病毒手段，如单机反病毒软件、防病毒卡等同样可保护工作站的内存和硬盘，因而这些手段在网络反病毒大战中仍然大有用武之地，在一定程度上可以有效阻止病毒在网络中的传播。

由于受硬件防毒技术的影响，反病毒专家还推出了另一种基于工作站的病毒防治方法，这就是工作站病毒防护芯片。

这种方法是将防病毒功能集成在一个芯片上，安装于网络工作站，以便经常性保护工作站及其通往服务器的途径，其基本原理是基于网络上的每个工作站都要求安装网络接口卡，而网络接口上有一个 Boot ROM 芯片，因为多数网卡的 Boot ROM 并没有充分利用，都会剩余一些使用空间，所以如果防毒程序够小，就可以安装在 Boot ROM 的剩余空间内，而不必另插一块芯片。这样，将工作站存取控制与病毒保护能力合二为一，从而免去许多烦琐的管理工作。

市场上的 Chipway 防毒芯片就是采用这种网络防毒技术的。在工作站 DOS 引导过程中，ROMBIOS、Extended BIOS 装入后，Partition Tab 装入前，

Chipway 将会获得控制权，这样可以防止引导型病毒入侵。

Chipway 特点如下。

① 不占主板插槽，避免了冲突。

② 遵循网络上国际标准。

③ 具有其他工作站的防毒产品的优点。

（2）基于服务器的防治方法。服务器是网络的核心，一旦服务器被病毒感染，整个网络就会陷入瘫痪。目前，基于服务器的防治病毒方法大都采用了以 NLM（ Netware Loadable Module，可装载模块 ）技术进行程序设计，以服务器为基础，提供实时扫描病毒能力。

市场上较有代表性的产品，如 Intel 公司的 LANdesk Virus Protect、Symantee 公司的 Center-PointAnti-Virus、S & S Software International 公司的 Dr.Solomon's Anti-Virus Toolkit，以及我国北京威尔德计算机公司的 LANClear For Netware 等，都是采用了以服务器为基础的防病毒技术。这些产品都可以用来保护服务器，使服务器不被感染。

基于网络服务器的实时扫描病毒的防护技术一般具有以下功能。

① 扫描范围广。采用此技术，可随时对服务器中的所有文件实施扫描，并检查其是否带毒。若有带毒文件，则向网络管理员提供几种处理方法，允许用户清除病毒，或删除带毒文件，或更改带毒文件名成为不可执行文件名，并隔离到一个特定的病毒文件目录。

② 实时在线扫描。网络病毒技术必须保持全天 24 小时监控网络中是否有带毒文件进入服务器。为保证病毒监测的实时性，通常采用多线索的设计方法，让检测程序作为一个可以随时激活的功能模块。

③ 服务器扫描选择。该功能允许网络管理员定期检查服务器中是否带毒，例如可按每月、每星期、每天集中扫描网络服务器。

④ 自动报告功能及病毒存档。当带毒文件有意或无意间被复制到服务器中时，网络防病毒系统必须立即通知网络管理员，同时记入档案。病毒档案

一般包括病毒类型病毒名称、带毒文件所存的目录及工作站标识等，另外还登记对病毒的处理方法。

⑤ 工作站扫描。考虑到基于服务器的防病毒软件不能保护本地工作站硬盘，有效方法是在服务器上安装防毒软件，同时在网上的工作站内存中调入常驻扫描程序，实时检测在工作站中运行的程序，如 LANdesk Virus Protect 采用 LPScan、LANClear For Netware 采用 World 程序等。

⑥ 对用户开放的病毒特征接口。若使防病毒系统能对付不断出现的新病毒，就要求开发商能够使自己的产品具有自动升级功能，其典型的做法是开方文病毒特征数据库。用户可随时将遇到的带毒文件，通过病毒特征分析程序，自动将病毒特征加入特征库，以随时增强抗毒能力。基于网络服务器的防治病毒方法的优点主要表现在不占用工作站的内存，可以集中扫毒，能实现实时扫描功能，以及软件安装和升级都很方便等。特别是联网机器很多时，利用这种方法比为每台工作站都安装防病毒产品要节省成本。

病毒的入侵必将对系统资源构成威胁，即使是良性病毒也会侵吞系统的宝贵资源，因此防治病毒入侵要比病毒入侵后再加以清除重要得多。防病毒技术必须建立"预防为主，消灭结合"的基本观念。

二、检测病毒技术

要判断一个计算机系统是否感染病毒，首先要进行病毒检测，只有检测到病毒的存在后才能对病毒进行消除和预防，因此病毒的检测至关重要。通过检测及早发现病毒，并及时进行处理，可以有效地抑制病毒的蔓延，尽可能地减少损失。

检测计算机上是否被病毒感染，通常可以分为两种方法，即手工检测和自动检测。

（1）手工检测是指通过一些工具软件，如 Debug.com、Pctools.exe、Nu.com 和 Sysinfo.exe 等进行病毒的检测。其基本过程是利用这些工具软件，对易遭病毒攻击和修改的内存及磁盘的相关部分进行检测，通过与正常情况下的状态进行对比来判断是否被病毒感染。这种方法要求检测者熟悉计算机指令和操作系统，操作比较复杂，容易出错且效率较低，适合计算机专业人员使用，因而无法普及。但是，使用该方法可以检测和识别未知的病毒，以及检测一些自动检测工具不能识别的新病毒。

（2）自动检测是指通过一些诊断软件和杀毒软件，来判断一个系统或磁盘是否有毒，如使用瑞星金山毒霸、江民杀毒软件等。该方法可以方便地检测大量病毒，且操作简单，一般用户都可以操作。但是，自动检测工具只能识别已知的病毒，而且它的发展总是滞后于病毒的发展，所以自动检测工具对相对数量的病毒不能识别。

对病毒进行检测可以采用手工方法和自动方法相结合的方式。检测病毒的技术和方法主要有以下几种。

① 比较法。比较法是将原始备份与被检测的引导扇区或被检测的文件进行比较。比较时可以利用打印的代码清单（比如 Debug 的 D 命令输出格式）进行比较，或用程序来进行比较（如 DOS 的 DISKCOMP、FC 或 PCTOOLS 等其他软件）。这种比较法不需要专门的查杀计算机病毒程序，只要用常规 DOS 软件和 PCTOOLS 等工具软件就可以进行。而且用这种比较法还可以发现那些尚不能被现有的查毒程序发现的计算机病毒。因为计算机病毒传播速度很快，新的计算机病毒层出不穷，截至目前还没有研究出通用的能查出一切计算机病毒，或通过代码分析可以判定某个程序中是否含有计算机病毒的查毒程序，发现新计算机病毒就只能依靠比较法和分析法，有时必须将二者结合起来一同使用。

使用比较法能发现异常，如文件长度改变，或虽然文件长度未发生变化，但文件内的程序代码发生了变化。对硬盘主引导扇区或对 DOS 的引导扇区做检查，比较法能发现其中的程序代码是否发生了变化。由于要进行比较，保存好原始备份是非常重要的，制作备份时必须在无计算机病毒的环境下进行，制作好的备份必须妥善保管，贴上标签，并加上写保护。

比较法的优点是简单、方便，不需要专用软件。缺点是无法确认计算机病毒的种类和名称。另外，造成被检测程序与原始备份之间差别的原因尚需进一步验证，以查明是由于计算机病毒造成的，还是由于 DOS 数据被偶然原因，如突然停电、程序失控、恶意程序等破坏的。此外，当找不到原始备份时，用比较法也不能马上得到结论。因此制作和保留原始主引导扇区和其他数据备份是至关重要的。

② 特征代码法。特征代码法是用每一种计算机病毒体含有的特定字符串对被检测的对象进行扫描。如果在被检测对象内部发现了某一种特定字符串，就表明发现了该字符串所代表的计算机病毒，这种计算机病毒扫描软件称为 Virus Scanner。

计算机病毒扫描软件由两部分组成：一部分是计算机病毒代码库，含有经过特别选定的各种计算机病毒的代码串；另一部分是利用该代码库进行扫描的程序，目前常见的对已知计算机病毒进行检测的软件大多采用这种方法。计算机病毒扫描程序能识别计算机病毒的数目取决于病毒代码库内所含病毒的种类多少。显然，库中病毒代码种类越多，扫描程序能识别的计算机病毒就越多。

计算机病毒代码串的选择是非常重要的。如果随意从计算机病毒体内选一段作为代表该计算机病毒的特征代码串，由于在不同的环境中，该特征串可能并不真正具有代表性，因而，选这种串作为计算机病毒代码库的特征串是不合适的。

另一种情况是，代码串不应含有计算机病毒的数据区，因为数据区是会经常变化的。代码串一定要在仔细分析程序之后选出最具代表特性的，足以将该计算机病毒区别于其他计算机病毒的字符串。一般情况下，代码串由连续的若干个字节组成，但是有些扫描软件采用的是可变长串，即在串中包含有一个到几个模糊字节。扫描软件遇到这种代码串时，只要使除模糊字节之外的字符串都能完全匹配，就能判别出计算机病毒。

除了前面提到的特征串的规则外，最重要的一条是特征串必须能将计算机病毒与正常的非计算机病毒程序区分开。如果将非计算机病毒程序当成计算机病毒报告给用户，是假警报，就会使用户放松警惕，若真的计算机病毒发生，那破坏就严重了，而且，若将假警报送至防杀计算机病毒的程序，还会将正常程序"杀死"。

采用病毒特征代码法的检测工具，面对不断出现的新病毒，必须不断更新版本，否则检测工具会老化，逐渐失去实用价值。病毒特征代码法无法检测新出现的病毒。

特征代码法的实现步骤如下。

采集已知病毒样本。如果病毒既感染 .com 文件又感染 .exe 文件，则要同时采集 COM 型病毒样本和 EXE 型病毒样本。

在病毒样本中抽取特征代码，抽取的代码必须比较特殊，不大可能与普通正常程序代码相吻合。抽取的代码要有适当长度，一方面维持特征代码的唯一性，在保持唯一性的前提下，尽量缩短特征代码的长度，以减少空间与时间占用。在既感染 .com 文件又感染 .exe 文件的病毒样本中，要抽取两种样本共有的代码，并将特征代码纳入病毒数据库。

打开被检测文件，在文件中搜索，检查文件中是否含有病毒数据库中的病毒特征代码。如果发现与病毒特征代码完全匹配的字串符，便可以断定被查文件感染何种病毒。特征代码法的优点是检测准确快速、可识别病毒的名称、误报警率低，依据检测结果可做解毒处理。

特征代码法的缺点是不能检测未知病毒，且搜集已知病毒的特征代码费用开销大，在网络上效率低。

（3）分析法。分析法是防杀计算机病毒不可缺少的重要技术，任何一个性能优良的防杀计算机病毒系统的研制和开发都离不开专业人员对各种计算机病毒详尽而准确的分析。

一般来说，使用分析法的人是防杀病毒的技术人员。使用分析法的步骤如下。

① 确认被观察的磁盘引导扇区和程序中是否含有计算机病毒。

② 确认计算机病毒的类型和种类，判定其是否是一种新的计算机病毒。

③ 弄清计算机病毒体的大致结构，提取用于特征识别的字符串或特征字，并添加到计算机病毒代码库供计算机病毒扫描和识别程序使用。

④ 详细分析计算机病毒代码，为相应的防杀计算机病毒措施制订方案。

使用分析法要求具有比较全面的有关计算机、DOS、Windows、网络等的结构和功能调用，以及与计算机病毒相关的各种知识，这是与其他检测计算机病毒方法的不同之处。

此外，还需要反汇编工具、二进制文件编辑器等用于分析的工具程序和专用的试验计算机。因为即使是很熟练的防杀计算机病毒技术人员，使用性能完善的分析软件，也不能保证在短时间内将计算机病毒代码完全分析清楚。而计算机病毒有可能在分析阶段继续传染甚至发作，破坏软盘、硬盘内的数据甚至完全毁坏，这就要求分析工作必须在专门设立的试验计算机上进行。在不具备条件的情况下，不要轻易开始分析工作，很多计算机病毒采用了自加密、反跟踪等技术，使得分析计算机病毒的工作经常是冗长和枯燥的。特别是某些文件型计算机病毒的代码长度可达 10KB 以上，并与系统的层次关联，使详细的剖析工作十分复杂。

分析的步骤分为静态分析和动态分析两种。静态分析是指利用反汇编工具将计算机病毒代码打印成反汇编指令程序清单后进行分析，以便了解计算机病毒分成哪些模块，使用了哪些系统调用，采用了哪些技巧，并将计算机病毒感染文件的过程翻转为清除该计算机病毒、修复文件的过程。分析人员的素质越高，分析过程越快，理解越深。动态分析是指利用 Debug 等调试工具在内存带有病毒的情况下，对计算机病毒做动态跟踪，观察计算机病毒的具体工作过程，以进一步在静态分析的基础上理解计算机病毒的工作原理。

在计算机病毒编码比较简单的情况下，动态分析不是必需的。但当计算机病毒采用了较多的技术手段时，必须使用动、静相结合的分析方法完成整个分析过程。

（4）校验和法。计算正常文件的校验和，并将结果写入此文件或其他文件中保存。在文件使用之前或使用过程中，定期检查文件的校验和与原来保存的校验和是否一致，从而发现文件是否被感染，这种方法称为校验和法。在 SCAN 和 CPAV 工具的后期版本中除了病毒特征代码法外，还纳入了校验和法，以提高其检测能力。

利用这种方法既能发现已知病毒，也能发现未知病毒，但是，它不能识别病毒类，不能报出病毒名称。由于病毒感染并非文件内容改变的唯一原因，文件内容的改变有可能是正常程序引起的，所以校验和法经常产生误报警，而且会影响文件的运行速度。

运用校验和法查杀病毒采用以下三种方式。

① 在检测病毒工具中纳入校验和法，对被查文件计算其正常状态的校验和，将校验和值写入被查文件中或检测工具中，而后进行比较。

② 在应用程序中，采取校验和法的自我检查功能，将文件正常状态的校验和写入文件中，每当应用程序被启动时，比较现行校验和与原校验和值，实现应用程序的自检测。

③ 将校验和检查程序常驻内存，每当启动应用程序时，自动比较应用程序内部或其他文件中预先保存的校验和。

校验和法的优点是方法简单，能发现未知病毒，也能发现被查文件的细微变化。缺点是会误报警，不能识别病毒名称，不能对付隐蔽型病毒。

（5）行为监测法。利用病毒的特有行为特征来监测病毒的方法，称为行为监测法。病毒具有某些共同行为，而且这些行为比较特殊。在正常程序中，这些行为比较少见。当程序运行时，监视其行为，如果发现病毒行为则立即报警。

监测病毒的行为特征如下。

① 占有 INTI3H 所有的引导型病毒，都攻击 Boot 扇区或主引导扇区。系统启动后，当 Boot 扇区或主引导扇区获得执行权时，一般引导型病毒都会占用 INT13H 功能，并在其中放置病毒所需的代码。

② 修改 DOS 系统数据区的内存总量。病毒常驻内存后，为防止 DOS 系统将其覆盖，必须修改系统内存总量。

③ 对 .com.exe 文件做写入操作。病毒要感染，必须写 .com.exe 文件。

④ 病毒程序与宿主程序进行切换。染毒程序在运行过程中，先运行病毒，而后执行宿主程序。在两者切换时有许多特征行为。

行为监测法的优点是可以发现未知病毒，能够准确地预报未知的多数病毒。

（6）软件仿真扫描法。该技术专门用于对付多态性计算机病毒。多态性计算机病毒在每次传染时，都将自身以不同的随机数加密于每个感染的文件中，传统的特征代码法根本无法找到这种计算机病毒。因为多态性病毒代码实施密码化，而且每次所用密钥不同，即使把染毒的病毒代码相互比较，也无法找出相同的可能作为特征的稳定代码。虽然行为监测法可以检测多态性病毒，但是在检测出病毒后 X 因为不能判断病毒的种类，因而很难做进一步处理。而软件仿真技术则能成功地仿真 CPU 执行，在 DOS 虚拟机下伪执行计算机病毒程序，安全将其解密，然后再进行扫描。

（7）先知扫描法。先知扫描技术是继软件仿真后的又一大技术突破。既然软件仿真可以建立一个保护模式下的 DOS 虚拟机，仿真 CPU 动作并伪执行程序以解开多态变形计算机病毒，那么与应用类似的技术也可以用于分析一般程序，检查可疑的计算机病毒代码。先知扫描技术就是将专业人员用来判断程序是否存在计算机病毒代码的方法，分析归纳成专家系统和知识库，再利用软件仿真技术伪执行新的计算机病毒，超前分析出新计算机病毒代码，用于对付以后的计算机病毒。

（8）人工智能陷阱技术和宏病毒陷阱技术。人工智能陷阱是一种监测计算机行为的常驻式扫描技术。它将所有计算机病毒所产生的行为归纳起来，一旦发现内存中的程序存在任何不当行为，系统就会有所警觉，并告知使用者。这种技术的优点是执行速度快、操作简便，且可以检测到各种计算机病毒；缺点是程序设计难度大，且不容易考虑周全。在千变万化的计算机病毒世界中，人工智能陷阱扫描技术是具有主动保护功能的新技术。

宏病毒陷阱技术则是结合了特征代码法和人工智能陷阱技术，根据行为模式来检测已知及未知的宏病毒。其中，配合 OLE2 技术，可将宏与文件分开，使得扫描速度加快，而且能更彻底有效地清除宏病毒。

（9）实时 I/O 扫描。实时 I/O 扫描的目的是及时对计算机上的输入 / 输出数据做病毒码比对，希望能够在病毒未被执行之前，将病毒防御于门外。理论上，这样的实时扫描技术会影响到数据的输入 / 输出速度。其实不然，在文件输入之后，就等于扫过一次毒了。如果扫描速度能够提高很多，这种方法确实能对数据起到一个很好的保护作用。

（10）网络病毒检测技术。随着 Internet 在全世界的广泛普及，网络已成为病毒传播的新途径，网络病毒也成为黑客对用户或系统进行攻击的有效工具，所以有效地检测网络病毒已经成为病毒检测的最重要部分。

网络监测法是一种检查、发现网络病毒的方法。根据网络病毒主要通过网络传播的特点，感染网络病毒的计算机一般会发送大量的数据包，产生突发的网络流量，有的还开放固定的 TCP/IP 端口。用户可以通过流量监视、端口扫描和网络监听来发现病毒，这种方法对查找局域网内感染网络病毒的计算机比较有效。

① ActiveX 和 Java 病毒。大量网页中含有 ActiveX 控件和 Java 小程序（Applet），它们在给网页带来动画和立体感效果的同时，也使上网的企业和个人用户面临新的不安全因素。

由于内存和带宽的限制，用户下载网页中的 ActiveX 控件和 Java 小程序可通过对本地硬盘的访问来获得大量本地程序的控制权限，以节约内存和带宽。恶意代码开发者正是利用这个漏洞，制造出恶意的 ActiveX 控件和 Java 程序嵌入 Web 主页，当用户浏览这些主页时，病毒便驻留到用户的计算机中，删除或毁坏文件，并出现其他一些恶意行为。

在上面提到的两种新的病毒携带者中，ActiveX 更具危害性，尤其是它的早期版本 OLE（对象链接和嵌入）。ActiveX 能直接调用任何 Windows 系统函数，ActiveX 组件是指一些可执行的代码如 .exe 和 .dll 文件等。ActiveX 主要运行在 IE 上，但在 Netscape 上通过插件也能运行 Ae-tiveX。

Java 小程序通常存放在服务器端，由浏览器下载到用户主机，Java 小程序的代码通过 Java 虚拟机在用户主机上运行。由于 Java 虚拟机运行的跨平台特点，Java 小程序在用户主机上能获得对各种操作系统函数的访问，导致病毒在各类操作系统中传播。Java 小程序可以被附加到 Web 主页或电子邮件中，一旦主页或邮件被阅读，将自动激活 Java 小程序。java.strangbrews 是第一个 Java 小程序病毒，当它获取主机控制权后，以本地程序的身份执行，感染其他 class 文件。现在，各种浏览器（如微软的 IE 和 Netscape 的 Navigator 等）都支持 ActiveX 和 Java，这为病毒的传播提供了新的手段。

JavaScript 是 Netscape 公司继 Sun 的 Java 小程序之后推出的一种脚本语言。它不仅支持 Java 小程序，同时还向 Web 作者提供一种嵌入 HTML 文档进行编程的、基于对象的脚本程序设计语言，所采用的许多结构与 Java 小程序相似。由于 JavaScript 可以从用户的浏览器获取对主机资源的使用权限，所以 JavaScript 也是病毒传播的重要手段。

② 邮件病毒。邮件病毒的传播方式是通过邮件中的附件进行的。这时附件是一个带毒文件，如 Word 宏病毒。病毒的制造者通常以极具诱惑力的标题，使邮件接收者点击携带病毒的邮件附件。如"爱虫"病毒以"I love you"作为邮件标题，以情书的形式诱骗收件者。

③ 基于 Web 的防病毒技术。对于网络病毒，如 ActiveX 和 Java 小程序，

最简单的防护措施是在浏览器中禁止使用这些插件，但这直接影响了为用户提供的服务质量。而最有效的方法是在病毒尚未被浏览器获取前，在 TCP/IP 或应用层对接收的信息进行扫描，这就是病毒防火墙或病毒网关。

传统的病毒扫描器一般包含以下组件，即病毒搜索引擎病毒特征库和配置管理界面。搜索引擎的设计是提高病毒扫描速度的关键技术。为提高性能，病毒扫描引擎通常利用规则和模式识别技术来对成千上万种已知的和未知的计算机病毒进行监测，这种技术能极大地提高效率，节省系统资源。

病毒防火墙除了含有传统病毒扫描器中的组件外，还增加了一些新的组件，而且各组件通过一种柔性的、面向对象的设计原则有机集成在一起。

④ 解压缩和解码。传统的病毒搜索引擎一般是在数据传输的末端对病毒进行扫描和处理，因而不需要强大的解压缩和解密功能。病毒防火墙的病毒搜索引擎也能在数据传输中捕获病毒，因为其中嵌入了强大的实时解压缩和解密模块，它们能理解文件格式，在文件从服务器传输到 PC 的过程中，"阅读"文件头部，以判断哪些压缩或加密过的文件可能含有病毒，然后只对可能含有病毒的文件进行解压缩或解密。这项新的技术由于没有给系统资源增添负担，因而极大地提高了病毒扫描的效率。

⑤ ActiveX 和 Java 扫描。病毒防火墙的 ActiveX 和 Java 病毒扫描模块中，通常从以下三个方面实现对 Web 信息中的恶意代码进行检测。

支持"代码认证签名"。病毒扫描器通过将 Java 小程序和 ActiveX 对象与"代码认证签名库"进行匹配，以判断 Java 小程序和 ActiveX 对象是否来自在传输过程中未被篡改的可信源。

识别 Java 类和 COM 指令。病毒扫描器能扫描 Java 类和 COM 指令，通过将这些指令与已知的"恶意小程序模式库"匹配来判断哪些 Java 类和 COM 指令是有恶意的。

基于规则的扫描技术。这种新技术使病毒扫描器能创造一种模拟环境来分析 Java 小程序和 ActiveX 对象的行为。扫描器中的代理把自己"寄生"在

Java 小程序上，并实时监测小程序的行为，如果发现有恶意行为，代理根据系统管理员预先配置的指令停止恶意代码的执行，并向服务器报警。

⑥ 病毒库自动升级。在病毒防范管理中，系统管理员遇到的两个最主要的问题是客户端软件的升级和病毒感染源的跟踪。在新一代的扫描引擎中，一些防病毒生产商嵌入了具有自我管理功能的通信组件，它知道何时并怎样下载新的病毒代码文件和扫描引擎，并在没有管理员干涉的情况下为用户进行所有的配置和分发工作。

这种具有目录意识通信模块具有目录意识，它能嵌入公司的目录服务中，并向主机发送病毒通知和采取响应。例如，在某一财务部门发现了一种病毒，具有目录意识的通信模块追查出该病毒来自远方办公地点的一封 E-mail 中的电子表格附件，它将智能化地通知远方办公地点的管理员、邮件的发送者和接收者。

⑦ 防邮件病毒技术。传统的防邮件病毒产品运行客户端，它有两个主要缺点：一是只能查杀本地硬盘上的受病毒感染的文件，而真正的病毒源（位于邮件服务器上）并没有得到及时处理，如果服务器没有受到保护，可能会使整个企业内部的网络受到病毒的攻击；二是安装在 PC 上的防病毒软件需要不断升级，这必然浪费大量的时间和资源。

邮件病毒的搜索引擎软件可以安装在专用的病毒防火墙或 SMTP 邮件服务器上。为实现实时检测，防火墙必须在端口 25 实时监测流经防火墙的 SMTP 数据流，即接收所有的 SMTP 报文，检测这些邮件是否含有病毒，并将这些邮件转发到邮件的目的服务器上。

与 Web 病毒防火墙类似，邮件病毒防火墙必须支持压缩文件和各类编码文件的病毒扫描，因为黑客经常把病毒放入具有压缩或加密性质的附件中以躲过防病毒软件的监测。

通过网络进行传播是网络病毒的特点，病毒主要通过 HTTP、FTP 和 SMTP 协议传播到用户的主机。服务器、网络接入端和网站是病毒进入用户主机的必经之路，如果在服务器、网络接入端和网站设置病毒防火墙，可以起到大规模防止病毒扩散的目的，比单机防病毒的效果更好。

三、杀毒技术

将染毒文件的病毒代码清除，使之恢复为可正常运行的文件，称为病毒的清除，有时也称为对象恢复。清除病毒所采用的技术称为杀毒技术。

大多数情况下，采用抗病毒软件恢复受感染的文件或磁盘。但是，如果抗病毒软件不了解该病毒，就需要把感染文件传给抗病毒软件供应商，过一段时间后才会收到解决方案。

依据病毒的种类及其破坏行为的不同，染毒后，有的病毒可以清除，有的病毒则不能清除。

1. 引导型病毒的清除

（1）引导型病毒感染时的攻击部位。

① 硬盘主引导扇区。

② 硬盘或软盘的 Boot 扇区。

为保存原主引导扇区、Boot 扇区，病毒可能随意地将其写入其他扇区，从而破坏这些扇区。

引导扇区的恢复，大多数情况下是使用 DOSSYS 命令或者 FDISK/MBR。引导扇区的恢复必须保证病毒不在 RAM 区。如果病毒的副本在 RAM 区，则该病毒会重新感染已恢复的磁盘或者硬盘。

使用 FDISK/MBR 恢复引导扇区时该命令会重写系统加载程序，但不会改变磁盘分区表，FDISK/MBR 可以清除大多数引导型病毒。然而，如果该病毒加密磁盘分区表或使用非标准的感染方法，则 FDISK/MBR 会完全丢失磁盘信息。因此，使用 FDISK/MBR 之前，一定要确认磁盘分区表没有被修改过。通过没有感染的磁盘启动到 DOS 环境，使用磁盘工具（如 Norton Disk Editor）检查该分区表是否完整。

如果不能用 SYS/FDISK 恢复引导扇区，则必须分析该病毒的执行算法，寻找到原始引导扇区的位置，并将它们移到正确位置上。

（2）修复带毒的硬盘主引导扇区。

介绍清除引导型病毒的步骤。

① 用无毒软盘启动系统。

② 寻找一台同类型、硬盘分区相同的无毒计算机，将其硬盘主引导扇区写入一张软盘中。

③ 将此软盘插入染毒计算机，将其中采集的主引导扇区数据写入染毒硬盘，即可修复。

④ 硬盘、软盘 Boot 扇区染毒也可以修复。寻找与染毒盘相同版本的无毒系统软盘，执行 SYS 命令，即可修复。

引导型病毒如果将原主引导扇区或 Boot 扇区覆盖写入根目录区，被覆盖的根目录区会遭到永久性损坏。引导型病毒如果将原主引导扇区或 Boot 扇区覆盖式写入第一 FAT 表时，可以修复，方法是将第二 FAT 表复制到第一 FAT 表中。

2. 宏病毒的清除

为了恢复宏病毒，必须采用非文档格式保存足够的信息。RTF（Rich Text Format）适合保留原始文档的足够信息而不包含宏。然后退出文档编辑器，删除已感染的文档文件，以及 normal.dot 和 start-up 目录下的文件。

经过上述操作，用户的文档信息都可以保留在 RTF 文件中。这种方式的缺点是打开和保存文档时存在格式转换，这种转换增加了处理时间。另外，正常的宏命令也不能使用。因此，在清除宏病毒之前应保存好正常的宏命令，待宏病毒清除后再恢复这些宏命令。

3. 文件型病毒的清除

一般文件型病毒的染毒文件可以修复。在绝大多数情况下，感染文件的恢复都是很复杂的。如果没有必要的知识，如可执行文件格式、汇编语言等，是不可能手工清除的。

恢复受感染的文件需考虑下列因素。

（1）无论用哪种属性的文件的属性（只读／系统／隐藏），都要测试和恢复所有目录下的可执行文件。

（2）希望确保文件的属性和最近修改时间不改变。

（3）一定考虑一个文件多重感染情况。

COM/EXE 型文件交叉感染了多个病毒，当病毒代码在宿主文件头部和尾部都有时，必须正确判断出这几个病毒感染文件的先后顺序才可能修复；否则，染毒程序无法恢复。

4. 病毒的去激活

清除内存中的病毒是指把 RAM 中的病毒进入非激活状态，跟文件恢复一样，需要操作系统和汇编语言知识。

清除内存中的病毒，需要检测病毒的执行过程，然后改变其执行方式，使病毒失去传染能力。这需要全面分析病毒代码，因为不同的病毒其感染方式不同。

在大多数情况下，除去内存中的病毒必须截断病毒截获的中断，文件型病毒截获 INT21H，引导型病毒截获 INT13H。当然病毒可以截获其他中断，或者截获许多中断。

有的病毒对其代码有保护机制，如 YanKee 使用纠错码恢复自己。此时，病毒的恢复机制首先需要解除，因为有的病毒计算它们的 CRC 值，并把该值与原来的值比较，如果不同，则系统被重新启动，或删除磁盘扇区。因此，这种 CRC 的计算例程必须被解除。

5. 使用杀病毒软件清除病毒

计算机一旦感染了病毒，一般的用户首先想到的就是使用杀毒软件来清除病毒。杀毒软件能清除大多数病毒，而且使用方便，技术要求不高，不需要具备太多的计算机知识。但有时也会删除带病毒的文件，使系统不能正常运行。

使用防杀病毒软件清除计算机病毒是普通用户的首选，但需要经常升级病毒代码库，以便能清除各种新出现的病毒。

6. 网络病毒的清除

一旦在网络上发现病毒，应立即设法清除，其操作步骤如下。

（1）使用 broadeast 命令，通知所有用户退网，关闭文件服务器。

（2）用带有写保护的、干净的系统盘启动系统管理员工作站，并立即清除本机病毒。

（3）用带有写保护的、干净的系统盘启动文件服务器。在系统管理员登录后，使用 disablelogin 命令禁止其他用户登录。

（4）将文件服务器硬盘中的重要资料备份到干净的软盘上。但千万不可执行硬盘上的程序，也千万不要在硬盘中复制文件，以免破坏被病毒搞乱的硬盘数据结构。

（5）用杀毒软件（最好是网络杀毒软件）扫描服务器上所有卷的文件，恢复或删除被病毒感染的文件，重新安装被删除的文件。

① 用杀毒软件扫描并清除所有可能染上病毒的软盘或备份文件中的病毒。

② 用杀毒软件扫描并清除所有的有盘工作站硬盘上的病毒。

③ 在确信病毒已经彻底清除后，重新启动网络和工作站。如有异常现象，应请网络安全与病毒防治专家来处理。

第五节 计算机病毒发展的新技术

计算机病毒的广泛传播，推动了反病毒技术的发展。新的反病毒技术的出现，又迫使计算机病毒技术再次更新。两者相互激励，呈螺旋式上升，不断地提高各自的水平，在此过程中出现了许多计算机病毒新技术，也造成了计算机病毒的广泛传播。

一、抗分析病毒技术

抗分析病毒技术主要是针对病毒分析技术而言的，为了使病毒分析者难以清楚地分析出病毒原理，这种病毒综合采用了以下两种技术：

（1）加密技术。这是一种防止静态分析的技术，可以使分析者无法在不执行病毒的情况下阅读加密过的病毒程序。

（2）反跟踪技术。此技术使分析者无法动态跟踪病毒程序的运行。

在无法静态分析和动态跟踪的情况下，病毒分析者是无法知道病毒工作原理的。

二、隐蔽性病毒技术

一般而言，计算机病毒不需要采取隐蔽技术就能达到广泛传播的目的。计算机病毒刚开始出现时，人们对这种新生事物认识不足，然而，当人们越来越了解计算机病毒，并有了一套成熟的检测病毒的方法时，病毒若广泛传播，就必须能够躲避现有的病毒检测技术。

难以被人发现是病毒的重要特性。隐蔽好，不易被发现，可以争取较长的存活期，造成大面积的感染，从而造成大面积的伤害。隐蔽自己不被发现的病毒技术称为隐蔽性病毒技术，它是与计算机病毒检测技术相对应的，此类病毒使自己融入运行环境中，隐蔽行踪，致使病毒检测工具难以发现自己。一般来说，有什么样的病毒检测技术，就有相应的隐蔽性病毒技术。

若计算机病毒采用特殊的隐形技术，则在病毒进入内存后，用户几乎感觉不到它的存在。

三、多态性病毒技术

多态性病毒是指采用特殊加密技术编写的病毒，这种病毒每感染一个对象，就采用随机方法对病毒主体进行加密，不断改变其自身代码，这样放入宿主程序中的代码互不相同，不断变化，同一种病毒就具有了多种形态。

多态性病毒是针对查毒软件而设计的，所以随着这类病毒的增多，查毒软件的编写也变得更困难，并且还会带来误报。国际上造成全球范围内的传播和破坏的第一例多态性病毒是 TEQUTLA 病毒，从该病毒的出现到编制出能够完全查出该病毒的软件，研究人员花费了 9 个月的时间。

多态性病毒的出现给传统的特征代码检测法带来了巨大的冲击，所有采用特征代码法的检测工具和清除病毒工具都不能识别它们。被多态性病毒感染的文件中附带着病毒代码，每次感染都使用随机生成的算法将病毒代码密码化。由于其组合的状态多得不计其数，所以不可能从该类病毒中抽出可作为依据的特征代码。

但多态性病毒也存在一些无法弥补的缺陷，所以，反病毒技术不能停留在先等待被病毒感染，然后用查毒软件扫描病毒，最后再杀掉病毒这样被动的状态。而应该采取主动防御的措施，利用病毒行为跟踪的方法，在病毒要进行传染、破坏时发出警报，并及时阻止病毒做出任何有害操作。

四、超级病毒技术

超级病毒技术是一种很先进的病毒技术。其主要目的是对抗计算机病毒的预防技术。

信息共享使病毒与正常程序有了汇合点。病毒借助于信息共享能够获得感染正常程序、实施破坏的机会。如果没有信息共享，正常程序与病毒相互完全隔绝，没有任何接触机会，病毒便无法攻击正常程序。反病毒工具与病毒之间的关系也是如此。如果病毒作者能找到一种方法，当计算机病毒进行感染、破坏时，让反病毒工具无法接触到病毒，消除两者交互的机会，那么反病毒工具便失去了捕获病毒的机会，从而使病毒的感染、破坏过程得以顺利完成。

由于计算机病毒的感染、破坏必然伴随着磁盘的读、写操作，所以预防计算机病毒的关键在于，病毒预防工具能否获得运行的机会以对这些读写操作进行判断分析。超级病毒技术就是在计算机病毒进行感染、破坏时，使得病毒预防工具无法获得运行机会的病毒技术。

一般病毒攻击计算机时，往往窃取某些中断功能，要借助 DOS 才能完成操作。例如，在 PC 中病毒要写盘，必须借助原 DOS 的 INT13H。反病毒工具都是在 DOS 中设置了许多陷阱，监视着系统中许多病毒欲攻击的敏感点，等待病毒触碰这些警戒点，一旦掉入陷阱，病毒便被捕获。超级病毒的作者以更高的技术编写了完全不用借助 DOS 系统就能攻击计算机的病毒，此类病毒攻击计算机时，完全依靠病毒内部代码来进行操作，避免碰触 DOS 系统，因而不会掉入反病毒陷阱，使抗病毒工具极难捕获它。一般的软件或反病毒工具遇到此类病毒都会失效。

超级计算机病毒目前还比较少，因为它的技术还不为许多人所知，而且编制起来也相当困难。然而一旦这种技术被越来越多的人掌握，同时结合多态性病毒技术、插入性病毒技术，这类病毒将给反病毒的艰巨事业增加困难。

五、插入性病毒技术

病毒感染文件时，一般将病毒代码放在文件头部，或者放在尾部，虽然可能对宿主代码做某些改变，但总的来说，病毒与宿主程序有明确界限。

插入性病毒在不了解宿主程序的功能及结构的情况下，能够将宿主程序拦腰截断。在宿主程序中插入病毒程序，此类病毒的编写也是相当困难的。如果对宿主程序的切断处理不当，则很容易造成死机。

六、破坏性感染病毒技术

破坏性感染病毒技术是针对计算机病毒消除技术而设计的。

计算机病毒消除技术是将被感染程序中的病毒代码摘除，使之变为无毒的程序。一般病毒感染文件时，不伤害宿主程序代码。有的病毒虽然会移动或变动部分宿主代码，但在内存运行时，还是要恢复其原样，以保证宿主程序正常运行。

破坏性感染病毒则将病毒代码覆盖式写入宿主文件，染毒后的宿主文件丢失了与病毒代码等长的源代码。如果宿主文件长度小于病毒代码长度，则宿主文件全部丢失，文件中的代码全部是病毒代码。一旦文件被破坏性感染病毒感染便如同得了绝症，被感染的文件，其宿主文件少则丢失几十字节，多则丢失几万字节，严重的甚至会全部丢失。如果宿主程序没有副本，感染后任何人、任何工具都无法补救，所以此种病毒无法做常规的杀毒处理。

一般的杀毒操作都不能消除此类病毒，它是杀毒工具不可逾越的障碍。破坏性病毒虽然杀伤力大，却很容易被发现，因为人们一旦发现一个程序不能完成它应有的功能，一般会将其删除，这样病毒根本无法向外传播，因而不会造成太大的危害。

七、病毒自动生产技术

病毒自动生产技术是针对病毒的人工分析技术而设计的。

国外曾出现过一种叫作"计算机病毒生成器"的软件工具，该工具界面良好，并有详尽的联机帮助，易学易用，即使对计算机病毒一无所知的用户，也能随心所欲地组合出算法不同、功能各异的计算机病毒。另外，还有一种叫作"多态性发生器"的软件工具，利用此工具，可将普通病毒编译后，输出很难处理的多态性病毒。由此可见，病毒的制作已进入自动化生产的阶段。

Mutatin Engine 是一种程序变形器，可以使程序代码本身发生变化，而保持原有功能。利用计算得到的密钥，程序变形器产生的程序代码可以多种多样。当计算机病毒采用了这种技术时，会变成一种具有自我变异功能的计算机病毒。这种病毒程序可以衍变出各种各样变种的计算机病毒，且这种变化是由程序自身的机制生成的。单从程序设计的角度讲，这是一项很有意义的新技术，它使计算机软件变成了一种具有某种"生命"形式的"活"的东西。但从保卫计算机系统安全的反病毒技术人员角度来看，这种变形病毒是不容易对付的敌手。从广义上讲，病毒自动生产技术是针对病毒的分析技术的，它不是从"质"上而是从"量"上企图压垮病毒分析者。

八、Internet 病毒技术

随着 Internet 的迅速发展，将文件附加在电子邮件中的能力在不断地提高，因而病毒的扩散速度也急剧上升，受感染的范围越来越广，而且感染方式也从软盘介质感染转到了从网络服务器到 Internet 的感染。

电子邮件在服务信息社会的同时，也为计算机病毒找到了一条新的传播途径和载体。病毒为增加隐蔽性，通常夹在电子邮件中，并附以熟悉的姓名、重要的提示或美丽的图案，使用户不会产生任何怀疑，以诱骗用户打开邮件及其附件。综上所述，病毒技术是多种多样的，各个方面都对反病毒技术带来严重的挑战。计算机病毒不仅仅是数量上的增长，而且在理论上和技术上均有较大的发展和突破。从目前来看，计算机病毒技术领先于反病毒技术。只有详细了解病毒原理以及病毒采用的各种技术，才能更好地防治病毒。也只有对病毒技术从理论、技术上做一些超前的研究，才能对新型病毒的出现做到心中有数，达到防患于未然的目的。

第五章　防火墙技术

目前的网络安全威胁主要来自病毒攻击、木马攻击、黑客攻击，以及间谍软件的窃密，面杀毒软件对于病毒、木马及间谍软件的防范只是基于被动的方式，对黑客的攻击更是无能为力。防火墙可以防御黑客对系统的攻击，这是杀毒软件无法做到的，因为黑客的操作不具有任何特征码，杀毒软件自然无法识别，而防火墙则可以把系统的每个端口都隐藏起来，不返回任何数据包，这样黑客就无法发现系统的存在，从而使对方无法攻击。

第一节　防火墙概述

防火墙（FireWall）是一种有效的网络安全机制。设立防火墙的主要目的是保护一个网络不受来自另一个网络的攻击。通常，被保护的网络属于我们自己的，或者是我们负责管理的，而所要防备的网络则是一个外部的网络，该网络是不可信赖的，因为可能有人会从该网络上对我们的网络发起攻击，破坏网络安全。因而防火墙技术得到了广泛应用。

一、防火墙的基本概念及发展

1.防火墙的概念

防火墙是指设置在不同网络（如可信任的企业内部网和不可信的公共网）或网络安全域之间的一系列软件或硬件设备的组合。它是不同网络或网络安全域之间信息的唯一出入口，能根据企业的安全政策控制（允许、拒绝、监测）出入网络的信息流，且本身具有较强的抗攻击能力。本质上，它遵循的是一种允许或阻止业务来往的网络通信安全机制，也就是提供可控的过滤网络通信，只允许授权的通信。

要使一个防火墙有效，所有来自和去往外部网络的信息都必须经过防火墙，接受防火墙的检查。防火墙只允许授权的数据通过，并且防火墙本身也必须能够免于渗透。一旦防火墙系统被攻击者突破或迂回，则不能提供任何保护。

2. 其他术语

外部网络（外网）：防火墙之外的网络，一般为 Internet，默认为风险区。

内部网络（内网）：防火墙之内的网络，一般为局域网，默认为安全区。

堡垒主机：是指一个计算机系统，它对外部网络暴露，同时又是内部网络用户的主要连接点，所以非常容易被入侵，因此这个系统需要严加保护。

路由：对收到的数据包选择正确的接口并转发的过程。

数据包过滤：也称包过滤，是根据系统事先设定好的过滤规则，检查数据流中的每个数据包，根据数据包的源地址、目标地址和端口等信息来确定是否允许数据包通过的过程。

代理服务器：代表内部网络用户与外部网络服务器进行信息交换的程序。它将内部用户的请求送达外部服务器，同时将外部服务器的响应再回送给用户。

状态检测技术：这是第三代网络安全技术。状态检测模块在不影响网络安全正常工作的前提下，采用抽取相关数据的方法对网络通信的各个层次实行检测，并作为安全决策的依据，网关又称协议转换器，就是一个网络连接到另一个网络的"关口"。用于在网络层以上实现网络互联。

3. 防火墙的发展

防火墙是一种综合性的技术，涉及计算机网络技术、密码技术、安全技术、软件技术、安全协议、网络标准化组织的安全规范以及安全操作系统等多方面。

在国外，近年来防火墙发展迅速，产品众多，而且更新换代快，并不断有新的信息安全技术和软件技术等被应用在防火墙的开发上。国外技术虽然相对领先（比如包过滤、代理服务器、VPN、状态监测、加密技术、身份认证等），但总的来讲，此方面的技术并不十分成熟完善，标准也不健全，实用效果并不十分理想。从 1991 年 6 月 ANS 公司的第一个防火墙产品 ANS Interlock Service 防火墙上市以来，到目前为止，世界上至少有几十家公司和研究所在从事防火墙技术的研究和产品开发。几乎所有的网络厂商也都开始了防火墙产品的开发或者 OEM 别的防火墙厂商的防火墙产品，如 Sun Microsystens 公司的 Sunscreen、CheckPoint 公司的 FireWall-1.Milkyway 公司的 BlackHole 等。

国内也已经开始了这方面的研究，北京邮电大学信息安全中心成功研制了国内首套计算机防火墙系统。此外，还有北京天融信公司的网络防火墙系统一 Talentit 防火墙、深圳桑达公司的具有包过滤防火墙功能的 SED-08 路由器、北大青鸟的内部网保密网关防火墙、电子部 30 所的 SS-R 型安全路由器、东北大学软件中心的具有信息过滤功能的 NetEye 防火墙、邮电部数据所的 SJW04 防火墙及 Proxy98 等也都先后开发成功。

以产品为对象，防火墙技术的发展可以分为四个阶段。

第一阶段：基于路由器的防火墙。

由于多数路由器本身就包含分组过滤功能，故网络访问控制功能可通过路由控制来实现，从而具有分组过滤功能的路由器就称为第一代防火墙产品。

第二阶段：用户化的防火墙工具套。

为了弥补路由器防火墙的不足，很多大型用户纷纷要求以专门开发的防火墙系统来保护自己的网络，从而推动了用户化的防火墙工具套的出现。

第三阶段：建立在通用操作系统上的防火墙。

基于软件的防火墙在销售、使用和维护上的问题迫使防火墙开发商很快推出了建立在通用操作系统上的商用防火墙产品，近年来在市场上广泛应用的就是这一代产品。

第四阶段：具有安全操作系统的防火墙。

防火墙技术和产品随着网络攻击和安全防护手段的发展而演进，直到1997 年年初，具有安全操作系统的防火墙产品面市，使防火墙产品步入了第四个发展阶段。

具有安全操作系统的防火墙本身就是一个操作系统，因而在安全性上较第三代防火墙有质量上的提高。获得安全操作系统的办法有两种：一种是通过许可证方式获得操作系统的源码；另一种是通过固化操作系统内核来提高可靠性。

一个好的防火墙系统应具备以下五方面的特性。

（1）所有在内部网络和外部网络之间传输的数据都必须通过防火墙。

（2）只有被授权的合法数据，即防火墙系统中安全策略允许的数据，才可以通过防火墙。

（3）防火墙本身不受各种攻击的影响。

（4）使用目前新的信息安全技术，比如现代密码技术、一次口令系统、智能卡等。

（5）人机界面良好，用户配置使用方便，易管理。系统管理员可以方便地对防火墙进行设置，对 Internet 的访问者、被访问者、访问协议以及访问方式进行控制。

防火墙作为内部网与外部网之间的一种访问控制设备。常常安装在内部网和外部网交界点上。因而防火墙不仅仅是路由器、堡垒主机或任何提供网络安全的设备的组合，更是安全策略的一个部分。安全策略建立了全方位的防御体系来保护机构的信息资源。安全策略应告诉用户应有的责任、公司规定的网络访问、服务访问、本地和远地的用户认证、拨入和拨出、磁盘和数据加密、病毒防护措施，以及雇员培训等。所有可能受到网络攻击的地方都必须以同样安全级别加以保护。仅设立防火墙系统，而没有全面的安全策略，那么防火墙就形同虚设。

二、防火墙的作用及局限性

1. 防火墙的作用

防火墙可以有效地保护本地系统或网络，抵制外部网络安全威胁，同时支持受限的通过广域网或 Internet 对外界进行访问。

（1）限定内部用户访问特殊站点（内网对外网的访问控制）。

（2）防止未授权用户访问内部网络（外网对内网的访问控制）。

（3）允许内部网络中的用户访问外部网络的服务和资源而不泄漏内部网络的数据和资源。

（4）记录通过防火墙的信息内容和活动。

（5）对网络攻击进行监测和报警。

2. 防火墙的局限性

尽管防火墙的功能比较丰富，但它并非是万能的，安装了防火墙的系统仍然存在着很多安全隐患和风险。防火墙的局限性主要体现在以下几个方面。

（1）不能防范恶意的知情者。目前防火墙只提供对外部网络用户攻击的防护，对来自内部网络用户的攻击只能依靠内部网络主机系统的安全性。防火墙可以禁止系统用户经过网络连接发送特有的信息，但用户可以将数据复制到磁盘上带出去。如果入侵者已经在防火墙内部，防火墙是无能为力的。内部用户可偷窃数据，破坏硬件和软件，并且巧妙地修改程序而不接近防火墙。对于来自知情者的威胁只能要求加强内部管理，如主机安全和用户教育等。

（2）不能防范不通过它的连接。防火墙能够有效地防止通过它进行信息传输，然而不能防止不通过它而传输信息。例如，如果站点允许对防火墙后面的内部系统进行拨号访问，那么防火墙绝对没有办法阻止入侵者进行拨号入侵。或者内网用户可能会对需要附加认证的代理服务器感到厌烦，因而向 ISP 购买直接的 SLIP 或 PPP 连接，从而试图绕过由精心构造的防火墙系统提供的安全系统，这就为从后门攻击创造了极大的可能。

（3）不能防备全部的威胁。防火墙被用来防备已知的威胁，是一种被动式的防护手段，一个很好的防火墙设计方案，可以防备新的威胁，但没有一个防火墙能自动防御所有的新的威胁。随着网络攻击手段的不断更新和一些新的网络应用的出现，不可能靠一次性的防火墙设置来解决永远的网络安全问题。

（4）防火墙不能防范病毒。防火墙不能防范从网络上感染的计算机的病毒。因为病毒的类型太多，操作系统也有多种，编码与压缩二进制文件的方法也各不相同。所以不能期望通过防火墙对每一个文件进行扫描，查出潜在的病毒。

三、防火墙的分类

防火墙的产生和发展已经历了相当长的一段时间，根据不同的标准，其分类方法也各不相同。

（1）按工作方式，防火墙分为包过滤防火墙、应用代理防火墙和状态监测防火墙等三类。包过滤防火墙是第一代防火墙，也是最基本的防火墙，它检查每一个通过的网络包的基本信息（源地址和目的地址、端口号、协议等），将这些信息与所建立的规则相比较，或者丢弃，或者放行。例如，已经设立了阻断 Telnet 连接，而包的目的端口是 23 的话，那么该包就会被丢弃。如果允许传入 Web 连接，而目的端口为 80，则包就会被放行。

应用代理防火墙实际上并不允许在它连接的网络之间直接通信。相反，它只接受来自内部网络特定用户应用程序的通信，然后建立与公共网络服务器单独的连接。网络内部的用户不直接与外部的服务器通信，所以服务器不能直接访问内部网的任何一部分。另外，如果不为特定的应用程序安装代理程序代码，这种服务是不会被支持的，不能建立任何连接。这种建立方式拒绝任何没有明确配置的连接，从而提供了额外的安全性和控制性。

状态监测防火墙跟踪通过防火墙的网络连接和包，这样防火墙就可以使用一组附加的标准，以确定是否允许和拒绝通信。它是在使用了基本包过滤防火墙的通信上应用一些技术来做到的。状态监测防火墙跟踪的不仅是包中包含的信息。为了跟踪包的状态，防火墙还记录有用的信息以协助识别包，例如已有的网络连接、数据的传出请求等。

（2）按防火墙的部署位置，防火墙可分为边界防火墙、个人防火墙和混合防火墙等三大类。边界防火墙最为传统，它位于内、外部网络的边界，所起的作用是对内、外部网络实施隔离，保护边界内部网络。这类防火墙一般都是硬件型的，价格较贵，性能较好。

个人防火墙安装于单台主机中，防护的也只是单台主机。这类防火墙应用于个人用户，通常为软件防火墙，价格便宜，但性能也差。

混合式防火墙可以说就是"分布式防火墙"或者"嵌入式防火墙"，它是一整套防火墙系统，由若干个软硬件组件组成，分布于内、外部网络边界和内部各主机之间，既对内外部网络之间通信进行过滤，又对网络内部各主机间的通信进行过滤。它属于最新的防火墙技术之一，性能较好，价格也昂贵。

（3）按物理特性，防火墙可分为软件防火墙、硬件防火墙和芯片级防火墙等三类。软件防火墙运行于特定的计算机上，它需要客户预先安装好的计算机操作系统的支持，一般来说这台计算机就是整个网络的网关，俗称"个人防火墙"。软件防火墙就像其他软件产品一样需要先在计算机上安装并做好配置才可以使用。使用这类防火墙，需要网管员对所工作的操作系统平台比较熟悉。

硬件防火墙与芯片级防火墙之间最大的差别，在于是否基于专用的硬件平台。目前市场上大多数防火墙都是硬件防火墙，它们都基于计算机架构，就是说，它们和普通的家庭用的计算机没有太大区别。在这些计算机架构计算机上运行一些经过裁剪和简化的操作系统，最常用的有老版本的 UNIX、Linux 和 FreeBSD 系统。值得注意的是，由于此类防火墙采用的依然是别人的内核，因此依然会受到操作系统本身的安全性影响。

传统硬件防火墙一般至少应具备三个端口，分别接内网，外网和 DMZ 区（非军事化区），现在一些新的硬件防火墙往往扩展了端口，常见的四端口防火墙一般将第四个端口设为配置口、管理端口。很多防火墙还可以进一步扩展端口数目。

芯片级防火墙基于专门的硬件平台，没有操作系统。专有的 ASIC 芯片促使它们比其他种类的防火墙速度更快，处理能力更强，性能更高。这类防火墙由于是专用操作系统，因此防火墙本身的漏洞比较少，不过价格相对比较昂贵。

防火墙分类的方法还有很多，例如从结构上又分为单一主机防火墙、路由器集成式防火墙和分布式防火墙等三种；按防火墙性能，分为百兆级防火墙和千兆级防火墙等。

第二节　防火墙采用的技术

防火墙的类型多种多样，在不同的发展阶段，采用的技术也各不相同。采用的技术不同，也就产生了不同类型的防火墙。总的来说，防火墙所采用的技术主要有三种：数据包过滤、应用级网关和电路级网关。

一、数据包过滤

1. 数据包过滤技术

数据包过滤（Packet Filtering）是最早使用的一种防火墙技术。它的第一代模型是"静态包过滤"（Static Packet Filtering），使用包过滤技术的防火墙通常工作在 OSI 模型中的网络层，后来发展更新的"动态包过滤"（Dynamic Packet Filtering）增加了传输层。

网络上的数据都是以包为单位进行传输的，数据被分割成一定大小的包，每个包分为包头和数据两部分，包头中含有源 IP 地址和目的 IP 地址等信息。包过滤技术工作的地方就是各种基于 TCP/IP 协议的数据报文进出的通道，它把这两层作为数据监控的对象，对每个数据包的头部、协议、地址、端口、类型等信息进行分析，并与预先设定好的防火墙过滤规则（Filtering Rule）进行核对，这种过滤规则称为访问控制表（Access Control Table）。一旦发现某个包的某个或多个部分与过滤规则匹配，并且条件为"阻止"的时候，这个包就会被丢弃。适当设置过滤规则可以让防火墙工作得更安全有效，但是这种技术只能根据预设的过滤规则进行判断，一旦出现了没有在设计人员意料之中的有害数据包请求，整个防火墙的保护就形同虚设了。

包过滤的控制依据是规则集，典型的过滤规则格式由规则号、匹配条件、匹配操作三部分组成，包过滤规则格式随所使用的软件或防火墙设备的不同而略有差异，但一般的包过滤防火墙都用源 IP 地址、目的 IP 地址、源端口号、目的端口号、协议类型（UDP、TCP、ICMP）、通信方向及规则运算符来描述过滤规则条件，而匹配操作有拒绝、转发、审计等三种。

2. 数据包过滤防火墙的优点

数据包过滤防火墙的优点如下。

（1）处理包的速度要比代理服务器的快，过滤路由器为用户提供了一种透明的服务，用户不用改变客户端程序或改变自己的行为。

（2）实现包过滤几乎不再需要费用（或极少的费用），路由器是内部网络与 Internet 连接必不可少的设备，由于 Internet 访问一般都是在广域网接口上提供，因此在流量适中并定义较少过滤器时对路由器的性能几乎没有影响，在原有网络上增加这样的防火墙几乎不需要任何额外的费用。

（3）包过滤路由器对用户和应用来讲是透明的，所以不必对用户进行特殊的培训和在每台主机上安装特定的软件。

3. 数据包过滤防火墙的缺点

数据包过滤防火墙的缺点如下。

（1）防火墙的维护比较困难，定义数据包过滤器比较复杂，因为网络管理员需要对各种 Internet 服务、包头格式，以及每个城的含义有非常深入的理解。

（2）数据包的源地址、目的地址，以及 IP 的端口号都在数据包的头部，很有可能被窃听或假冒。

（3）只能阻止一种类型的 IP 欺骗，即外部主机伪装内部主机的 IP 地址，对于外部主机伪装其他可信任的外部主机的 IP 地址却不能阻止。

（4）非法访问一旦突破防火墙，即可对主机上的软件和配置漏洞进行攻击。

（5）一些包过滤网关不支持有效的用户认证。因为 IP 地址是可以伪造的，因此如果没有基于用户的认证，仅通过 IP 地址来判断是不安全的。

（6）随着过滤器数目的增加，路由器的吞吐量会下降。可以对路由器进行这样的优化抽取：每个数据包的目的 IP 地址，进行简单的路由表查询，然后将数据包转发到正确的接口上去传输。如果打开过滤功能，路由器不仅必须对每个数据包作出转发决定，还必须将所有的过滤器规则施用给每个数据包。这样就消耗 CPU 时间并影响系统的性能。

（7）IP 包过滤器可能无法对网络上流动的信息提供全面的控制。包过滤路由器能够允许或拒绝特定的服务，但是不能理解特定服务的上下文环境和数据。

数据包过滤，是一种通用、廉价、有效的安全手段。之所以通用，是因为它不针对各个具体的网络服务采取特殊的处理方式；之所以廉价，因为大多数路由器都提供分组过滤功能；它之所以有效，是因为它能很大程度地满足企业的安全要求，所依据的信息来源于 IP、TCP 或 UDP 包头。

4. 数据包过滤的应用场合

数据包过滤防火墙：一般应用在以下场合。

（1）机构是非集中化管理。

（2）机构没有强大的集中安全策略。

（3）网络的主机数非常少。

（4）主要依赖于主机安全来防止入侵，但是当主机数增加到一定的程度的时候，仅靠主机安全是不够的。

（5）没有使用 DHCP 这样的动态 IP 地址分配协议。

二、应用级网关

1.应用级网关概述

多归属主机具有多个网络接口卡，因为它具有在不同网络之间进行数据交换的能力，因此人们又称它为"网关"。将多归属主机运用在应用层的用户身份认证与服务请求合法性检查，可以起到防火墙的作用，称为应用级网关，也称为代理服务器（Proxy Server）。

应用级网关主要工作在应用层，能够理解应用层上的协议，检查进出的数据包，通过网关复制传递数据，防止在受信任服务器和客户机与不受信任的主机间直接建立联系。它针对特别的网络应用服务协议即数据过滤协议，并且能够对数据包分析并形成相关的报告。应用网关对某些易于登录和控制所有输出／输入的通信的环境给予严格的控制，以防有价值的程序和数据被窃取。在实际工作中，应用级网关一般由专用工作站系统来完成。但每一种协议需要相应的代理软件，使用时工作量大，效率不如网络级防火墙。

应用级网关接受来自内部网络特定用户应用程序的通信，然后建立公共网络服务器单独的连接。网络内部的用户不直接与外部的服务器通信，所以服务器不能直接访问内部网的任何一部分。应用级网关代替受保护网络的主机向外部网络发送服务请求，并将外部服务请求响应的结果返回给受保护网络的主机。

受保护内部用户对外部网络访问时，首先需要通过代理服务器的认可，才能向外提出请求，而外网的用户只能看到代理服务器，从而隐藏了受保护网络的内部结构及用户的计算机信息。因而，代理服务器可以提高网络系统的安全性。

代理技术与包过滤技术完全不同，包过滤技术是在网络层拦截所有的信息流，代理技术针对每一个特定应用都有一个程序。代理企图在应用层实现防火墙的功能，代理的主要特点是有状态性。代理能提供部分与传输有关的状态，能完全提供与应用相关的状态和部分传输方面的信息，代理也能处理和管理信息。

2. 应用级网关的优点

应用级网关有较好的访问控制，是目前最安全的防火墙技术，提供代理的应用层网关主要有以下优点。

（1）应用层网关有能力支持可靠的用户认证并提供详细的注册信息。

（2）用于应用层的过滤规则相对于包过滤路由器来说更容易配置和测试。

（3）代理工作在客户机和真实服务器之间，完全控制会话，因而可以提供详细的日志和安全审计功能。

（4）提供代理服务的防火墙可以被配置成唯一的可被外部看见的主机，这样可以隐藏内部网的 IP 地址，可以保护内部主机免受外部主机的进攻。

（5）通过代理访问 Internet 可以解决合法的 IP 地址不够用的问题，因为 Internet 所见到只是代理服务器的地址，内部不合法的 IP 通过代理可以访问 Internet。

3. 应用级网关的缺点

应用级网关也存在以下缺点。

（1）有限的连接性。代理服务器能提供的服务和可伸缩性是有限的，而且新的服务不能及时被代理。

（2）每个被代理的服务都要求具有专门的代理软件。如果代理服务器只具有解释应用层命令的功能，如解释 FTP 命令、Telnet 命令等，那么这种代理服务器就只能用于某一种服务。

（3）客户软件需要修改，重新编译或者配置。

（4）有些服务要求建立直接连接，无法使用代理，如聊天服务、即时消息服务。

（5）代理服务不能避免协议本身的缺陷或者限制。

包过滤和应用级网关有一个共同的特点，就是它们仅仅依靠特定的逻辑判定是否允许数据包通过。一旦满足逻辑，则防火墙内外的计算机系统建立直接联系，防火墙外部的用户便有可能直接了解防火墙内部的网络结构和运行状态，这有利于实施非法访问和攻击。

三、电路级网关

电路级网关又叫线路级网关，它工作于 OSI 互联模型的会话层或是 TCP/IP 协议的 TCP 层。数据包被提交到用户应用层处理，电路级网关用来在两个通信的终点之间转换包。

电路级网关用来监控受信任的客户或服务器与不受信任的主机间的 TCP 握手信息，这样来决定该会话是否合法。电路级网关只依赖于 TCP 连接，并不进行任何附加的包处理或过滤。但电路级网关不允许端到端的 TCP 连接，相反，网关建立了两个 TCP 连接，一个是在网关本身和内部主机上的 TCP 用户之间的连接；另一个是在网关和外部主机上的 TCP 用户之间的连接。一旦两个连接建立起来，网关就会从一个连接向另一个连接转发 TCP 报文段，而不检查其内容。

电路级网关也是一种代理技术。电路级代理适用于多个协议，但无法解释应用协议，需要通过其他范式来获得信息。所以，电路级代理服务器通常要求修改用户程序。其中，套接字服务器（Sockets Server）就是电路级代理服务器。套接字（Sockets）是一种网络应用层的国际标准。当内网客户机需要与外网交互信息时，在防火墙上的套接字服务器检查客户的 UserID、IP 源地址和 IP 目的地址，经过确认后，套接字服务器才与外部的服务器建立连接，对用户来说，内网与外网的信息交换是透明的，感觉不到防火墙的存在，那是因为 Internet 用户不需要登录到防火墙上。但客户端的应用软件必须支持 Socketsifide API，内部网络用户访问外部网络所使用的 IP 地址也是防火墙的 IP 地址。

一个简单的电路级网关仅传输 TCP 的数据段，增强的电路级网关还应该具有认证的功能。电路级网关的缺点是，它与应用层网关技术一样，新的应用出现可能会要求对电路级网关的代码做相应的修改。

典型的防火墙一般由一个或多个构件组成：包过滤路由器、应用级网关、电路级网关等。一个机构可以根据自己的网络规模和自己的安全策略选择合适的防火墙体系结构，因为不同的防火墙体系结构所需的代价、所付的费用都不一样。一般如果有了一百台以上的主机，就应考虑配置防火墙设备。

四、其他关键技术

1. 状态检测技术

状态检测技术把包过滤的快速性和应用代理的安全性很好地结合在一起。

状态检测防火墙摒弃了包过滤防火墙仅考查数据包的 IP 地址端口等几个参数，而不关心数据包连接状态变化的缺点，在防火墙的核心部分建立状态连接表，并将进出网络的数据当成一个个的会话，利用状态表跟踪每一个会话状态。状态检测对每一个包的检查不仅根据规则表，更考虑了数据包是否符合会话所处的状态，因此提供了完整的对传输层的控制能力。

防火墙上的状态检测模块访问和分析从各层次得到的数据，并存储和更新状态数据和上下文信息，为跟踪无连接的协议提供虚拟的会话信息。防火墙根据从传输过程和应用状态所获得的数据，以及网络设置和安全规则来产生一个合适的操作，要么拒绝，要么允许，或者是加密传输。任何安全规则没有明确允许的数据包将被丢弃或者产生一个安全警告，并向系统管理员提供整个网络的状态。

这种防火墙的安全特性是非常好的，它采用了一个在网关上执行网络安全策略的软件引擎，称为检测模块。检测模块在不影响网络正常工作的前提下，采用抽取相关数据的方法对网络通信的各层实施监测，抽取部分数据，即状态信息，并动态地保存起来作为以后制定安全决策的参考。检测模块支持多种协议和应用程序，并可以很容易地实现应用和服务的扩充。与其他安全方案不同，当用户访问到达网关的操作系统前，状态监视器要抽取有关数据进行分析，结合网络配置和安全规定做出接纳、拒绝、鉴定或给该通信加密等决定。一旦某个访问违反安全规定，安全报警器就会拒绝该访问，并做记录，向系统管理器报告网络状态。状态监视器会监测 RPC 和 UDP 之类的端口信息。包过滤和代理网关都不支持此类端口。这种防火墙无疑是非常坚固的，但它的配置非常复杂，而且会降低网络的速度。

2. 地址转换技术

网络地址转换（Network Address Translation，NAT），是指将一个 IP 地址用另一个 IP 地址代替。NAT 技术主要是为了解决公开地址不足而出现的，它可以缓解少量 Internet 的 IP 地址和大量主机之间的矛盾。但 NAT 技术用在网络安全应用方面，则能透明地对所有内部地址做转换，使外部网络无法了解内部网络的内部结构，从而提高内部网络的安全性。基于 NAT 技术的防火墙上装有一个合法的 IP 地址集，当内部某一用户访问外网时，防火墙动态地从地址集中选一个未分配的地址分配给该用户，该用户即可使用这个合法地址进行通信。

地址转换主要用在以下两个方面。

（1）网络管理员希望隐藏内部网络的 IP 地址。这样 Internet 上的主机无法判断内部网络的情况。

（2）内部网络的 IP 地址是无效的 IP 地址。

在上述两种情况下，内部网对外面是不可见的，Internet 不能访问内部网，但是内部网主机之间可以相互访问。应用网关防火墙可以部分解决这个问题，例如，可以隐藏内部的 IP，一个内部用户可以 Telnet 到网关，然后通过网关上的代理连接到 Internet 上。

实现网络地址转换的方式有静态 NAT（staticNAT）、NAT 池（pooledNAT）和端口 NAT（PAT）三种类型。其中，静态 NAT 设置起来最为简单，此时内部网络中的每个主机都被永久映射成外部网络中的某个合法的地址。而 NAT 池则是在外部网络中定义了一系列的合法地址，采用动态分配的方法映射到内部网络。PAT 则是把内部地址映射到外部网络的一个 IP 地址的不同端口上。NAT 的三种方式目前已被许多的路由器产品支持。在路由器上定义启用 NAT 的一般步骤如下。

① 确定使用 NAT 的接口，通常将连接到内部网络的接口设定为 NAT 内部接口，将连接到外网的接口设定为 NAT 的外部接口。

② 设定内部全局地址的转换地址及转换方式。

③ 根据需要将外部全局地址转换为外部本地地址。

目前，专用的防火墙产品都支持地址转换技术，比较常见的有 IP-Filter 和 iptable、IP-Filter 的功能强大，它可完成 ipfwadm、ipechains、ipfw 等防火墙的功能，而且安装配置相对比较简单。

3. 安全审计技术

绝对的安全是很难实现的，因此必须对网络上发生的事件进行记载和分析，对某些被保护网络的敏感信息访问保持不间断的记录，并通过各种不同类型的报表、报警等方式向系统管理人员进行报告。比如在防火墙的控制台上实时显示与安全有关的信息，对用户口令非法、非法访问进行动态跟踪等。

4. 安全内核技术

除了采用代理以外，人们开始在操作系统的层次上考虑安全性。例如考虑把系统内核中可能引起安全问题的部分从内核中去掉，形成一个安全等级更高的内核，从而使系统更安全，例如 Cisco 的 PIX 防火墙等。

安全的操作系统来自对操作系统的安全加固和改造，从现有的诸多产品看，对安全操作系统内核的加固与改造主要从以下几个方面进行：取消危险的系统调用；限制命令的执行权限；取消 IP 的转发功能；检查每个分组的端口；采用随机连接序列号；驻留分组过滤模块；取消动态路由功能；采用多个安全内核。

5.负载平衡技术

平衡服务器的负载，由多个服务器为外部网络用户提供相同的应用服务。当外部网络的一个服务请求到达防火墙时，防火墙可以用其制定的平衡算法确定请求是由哪台服务器来完成。但对用户来讲，这些都是透明的。

第三节　防火墙的体系结构

目前，防火墙的体系结构一般有以下三种——双宿主机结构、屏蔽主机结构和屏蔽子网结构。

一、双宿主机防火墙

双宿主机结构是最简单的一种防火墙体系结构，其结构是围绕具有双重宿主的主机而构筑的，该计算机至少有两个网络接口。这样的主机可以充当与这些接口相连的网络之间的路由器；它能够从一个网络到另一个网络发送 IP 数据包。然而，实现双宿主机的防火墙体系结构禁止这种发送功能。因而，IP 数据包从一个网络（如 Internet）并不是直接发送到其他网络（如内部的被保护的网络）。防火墙内部的系统能与双宿主机通信，同时防火墙外部的系统（在 Internet 上）能与双宿主机通信，但是这些系统不能直接互相通信。它们之间的 IP 通信被完全阻止。

双宿主机用两种方式来提供服务，一种是用户直接登录到双宿主机上来提供服务，另一种是在双宿主机上运行代理服务器。第一种方式需要在双宿主机上开放许多账号，这是很危险的。第一，用户账号的存在会给入侵者提供相对容易的入侵通道，每一个账号通常有一个可重复使用口令（即通常用的口令，和一次性口令相对），这样很容易被入侵者破解。破解密码可用的方法很多，有字典破解、强行搜索或通过网络窃听来获得。第二，如果双宿主机上有很多账号，管理员维护起来是很困难的。第三，支持用户账号会降低机器本身的稳定性和可靠性。第四，因为用户的行为是不可预知的，如双宿主机上有很多用户账户，这会给入侵检测带来很大的麻烦。

而采用代理则问题相对要少得多，而且一些服务本身的特点就是"存储转发"型的，如 HTTP、SMTP 和 NNTP，这些服务很适合于进行代理。在双宿主机上，运行各种各样的代理服务器，当要访问外部站点时，必须先经过代服务器认证，然后才可以通过代理服务器访问 Internet。

双宿主机是唯一的隔开内部网和外部因特网之间的屏障，如果入侵者得到了双宿主机的访问权，内部网络就会被入侵，所以为了保证内部网的安全，双宿主机应具有强大的身份认证系统，才可以阻挡来自外部不可信网络的非法登录。

为了防止防火墙被入侵，在系统中，应尽量减少防火墙上用户的账户数目。使用双宿机应注意的是，首先要禁止网络层的路由器功能。在 UNIX 内实现路由器禁止必须重新配置和重建核心，除了要禁止 IP 转发，还应清除一些 UNIX 系统中的工具程序和服务。由于双宿主机是外部用户访问内部网络系统的中间转接点，所以它必须支持很多用户的访问，因此双宿主机的性能非常重要。

二、屏蔽主机防火墙

双宿主机体系结构提供来自多个网络相连的主机的服务（但是路由器关闭），而屏蔽主机体系结构使用一个单独的路由器提供来自仅仅与内部的网络相连的主机的服务。在这种体系结构中，屏蔽主机防火墙包括一个包过滤路由器连接外部网络，同时一个堡垒主机安装在内部网络上，通常在路由器上设立过滤规则，并使这个堡垒主机（应用层代理防火墙）成为从外部网络唯一可直接到达的主机，这确保了内部网络不受未被授权的外部用户的攻击。

屏蔽主机结构实现了网络层安全（包过滤）和应用层安全（代理服务）。入侵者在破坏内部网络的安全性之前，必须首先渗透两种不同的安全系统。堡垒主机配置在内部网络上，而包过滤路由器则放置在内部网络和 Internet 之间。在路由器上进行规则配置，使得外部系统只能访问堡垒主机，去往内部系统上其他主机的信息全部被阻塞。由于内部主机与堡垒主机处于同一个网络，内部系统是否允许直接访问 Internet，或者是要求使用堡垒主机上的代理服务来访问 Internet 由机构的安全策略来决定。对路由器的过滤规则进行配置，使得其只接受来自堡垒主机的内部数据包，就可以强制内部用户使用代理服务。

在屏蔽的路由器中数据包过滤配置可以按下列之一执行：允许其他的内部主机为了某些服务与 Internet 上的主机连接（即允许那些经由数据包过滤的服务）。不允许来自内部主机的所有连接（强迫那些主机经由堡垒主机使用代理服务）。用户可以针对不同的服务混合使用这些手段；某些服务可以被允许直接经由数据包过滤，而其他服务可以被允许仅仅间接地经过代理。这完全取决于用户实行的安全策略。多数情况下。被屏蔽的主机体系结构提供比双宿主机体系结构具有更好的安全性和可用性。

然而，和其他体系结构相比较，屏蔽主机结构也有一些缺点。主要的是，如果侵袭者没有办法侵入堡垒主机，而在堡垒主机和其余的内部主机之间没有任何保护网络安全的屏障存在的情况下，则路由器一旦被损害，数据包就不会被路由到堡垒主机上，使保垒主机被越过，整个网络对侵袭者就是开放的。所以还有下面另一种体系结构——屏蔽子网。

三、屏蔽子网防火墙

屏蔽子网体系结构添加额外的安全层到被屏蔽主机体系结构，即通过添加周边网络更进一步地把内部网络与 Internet 隔离开。

在内部网络和外部网络之间建立一个被隔离的子网，用两台分组过滤路由器将这一子网分别与内部网络和外部网络分开，由两个包过滤路由器放在子网的两端，在子网内构成一个"非军事区（DMZ 区）"，在该区可以放置供外网访问的 Internet 公共服务器，内部网络和外部网络均可访问被屏蔽子网，但禁止它们穿过被屏蔽子网通信，而对于一些服务器如 WWW 和 FTP 服务器可放在 DMZ 中。有的屏蔽子网中还设有一台堡垒主机作为唯一可访问节点。

该结构网络安全性高，而且网络的访问速度较快，由于 Internet 公共服务器放在独立的区域，所以即使 DMZ 出现入侵事件，内网也不会受到影响，缺点是设备的投入巨大，为此可采用专业的硬件防火墙实现，以减少硬件投入。

堡垒主机是用户在网络上最容易受侵袭的机器。虽然堡垒主机很坚固，不易被入侵者控制，但万一堡垒主机被控制，如果采用了屏蔽子网体系结构，入侵者仍然不能直接侵袭内部网络，内部网络依然会受到内部过滤路由器的保护。在周边网络上隔离堡垒主机，能减少在堡垒主机上侵入的影响。可以说，它只给入侵者一些访问的机会，但不是全部。为了入侵用屏蔽子网体系结构构筑的内部网络，入侵者必须要通过两个路由器。即使侵袭者设法侵入堡垒主机，他将仍然必须通过内部路由器。

如果没有"非军事区"，那么入侵者控制了堡垒主机后就可以监听整个内部网络的对话。如果把堡垒主机放在"非军事区"网络上，即使入侵者控制了堡垒主机，他所能侦听到的内容是有限的，即只能侦听到周边网络的数据，而不能侦听到内部网上的数据。内部网络上的数据包虽然在内部网上是广播式的，但内部过滤路由器会阻止这些数据包流入"非军事区"网络。

建造防火墙时，一般很少采用单一的结构，通常为解决不同问题采用多种结构进行组合。这种组合主要取决于网管中心向用户提供什么样的服务，以及网管中心能接受什么等级的风险。采用哪种技术主要取决于经费、投资的大小或技术人员的技术水平、时间等因素。

下面主要谈谈典型的防火墙产品。

随着信息技术的发展，防火墙产品在近几年得到了突飞猛进的发展。信息安全已经得到了各个行业的高度重视，特别是防火墙产品的应用，已经延伸到银行、保险、证券、邮电、军队、海关、税务等行业和部门。防火墙产品已成为国内安全产品竞争的焦点。

虽然防火墙技术发展很快，但是现在防火墙的标准尚不健全，导致各大防火墙产品供应商生产的防火墙产品兼容性差，给不同厂商的防火墙产品的互连带来了困难，为了解决这个问题目前国际上已提出了以下两个标准。

（1）RSA 数据安全公司与一些防火墙的生产厂商（如 Sun Microsystems 公司、CheckPoint 公司、TIS 公司等）以及一些 TCP/P 开发商（如 FTP 公司等）提出了 Secure/WAN（S/WAN）标准，它能使在 IP 层上由支持数据加密技术的不同厂家生产的防火墙和 TCP/IP 具有互操作性，从而解决了建立虚拟专用网（VPN）的一个主要障碍。此标准包含以下两个部分。

防火墙中采用的信息加密技术一致，即加密算法、安全协议一致，使得遵循此标准生产的防火墙产品能够实现无缝互连，又不失去加密功能。

安全控制策略的规范性和逻辑上的正确合理性，避免了各大防火墙厂商推出的防火墙产品由于安全策略上的漏洞而对整个内部保护网络产生危害。

（2）美国国家计算机安全协会（National Computer Security Associationo NCSA）成立的防火墙开发商（Firewall Product Developer，FWPD）联盟制定的防火墙测试标准。

（一）Check Point 公司的防火墙

Check Point 公司是因特网安全领域的全球领先企业，成立于 1993 年。Check Point 公司的防火墙系列产品可以用在各种平台上。Check Point 公司的 FireWall-1 是一个名牌的软件防火墙产品，是软件防火墙领域中声誉很好的一款产品。FireWall-1 为全球财富 100 强中 93% 的企业和全球财政机构财富 500 强中超过 91% 的企业提供安全保护。

1.FireWall-1 防火墙组成

Check Point 公司的 FireWall-1 产品包括以下模块。

（1）基本模块。

① 状态检测模块（Inspection Module）：提供访问控制、客户机认证、会话认证、地址翻译和审计功能。

② 防火墙模块（Fire Wall Module）；包含一个状态检测模块，另外提供用户认证、内容安全和多防火墙同步功能。

③ 管理模块（Management Module）：对一个或多个安全策略执行点（安装了 FireWall-1 的某个模块，如状态检测模块、防火墙模块或路由器安全管理模块等的系统）提供集中的、图形化的安全管理功能。

（2）可选模块。

① 连接控制（Connect Control）：为提供相同服务的多个应用服务器提供负载平衡功能。

② 路由器安全管理（Router Security Management）模块：提供通过防火墙管理工作站配置、维护 3com、Cisco、Bay 等路由器的安全规则。

（3）其他模块。如加密模块等。

（4）图形用户界面。图形用户界面（GUI）是管理模块功能的体现，包括以下内容。

① 策略编辑器：维护管理对象，建立安全规则，把安全规则施加到安全策略执行点上去。

② 日志查看器：查看经过防火墙的连接，识别并阻断攻击。

③ 系统状态查看器：查看所有被保护对象的状态。

FireWall-1 提供单网关和企业级两种产品组合。

① 单网关产品：只有防火墙模块（也含状态检测模块）、管理模块和图形用户界面各一个，且防火墙模块和管理模块必须安装在同一台机器上。

② 企业级产品：可以由若干基本模块和可选模块以及图形用户界面组成，特别是可能配置较多的防火墙模块和独立的状态检测模块。企业级产品的不同模块可以安装在不同的机器上。

2.FireWall-1 防火墙的特点

（1）广泛的应用支持。

FireWall-1 凭借对超过 150 个预定义的应用和现有协议的支持，提供了业内最广泛的应用支持，例如，Microsoft CIPS；SOAP/XML；即时消息发送和点对点应用；Widows Media、Real Video 和会话发起协议（SIP）；基于 H.323 的服务，包括语音 IP 技术（VoIP）和网上会议（NetMeeting）；SMTP、FTP、HTTP 和 Telnet 信息流：Oracle SQL（结构化查询语言）和 ERP（企业资源计划）。

作为第一个支持 Microsoft CIFS 的防火墙，FireWall-1 为文件和打印服务器提供了细粒度访问控制，从而确保它们不会受到未经授权的使用。利用能够限制在特定服务器上浏览或发布文档的人员。作为第一个可以检查 SOAP/XML 并且能够终止 SSL 连接的防火墙，使用 FireWall-1 就可以不必再部署一个单独的基础架构来确保 Web 服务的安全。

FireWall-1 能够提供最高级别的安全性，即使在公共端口运行 Web 应用程序（如即时消息发送和点对点应用程序）时，FireWall-1 也能检查它们。它是真正的安全基础设施的基础，可以通过一个可选的用户认证（User Authority）模块来添加单点登录功能，从而扩展 Web 应用程序和 CIFS 的安全性。

（2）广泛的服务支持。

结合动态支持应用层屏蔽能力及高级认证授权能力，FireWall-1 具有真正连接超过 120 个内置服务的能力，包括安全的全球网浏览器与 HTTP 服务器、ETP、RCP、所有 UDP 应用程序、Oracle SQL*Net 与 Sybase SQL Server 数据库访问、Real Audio、网络电话等。

FireWall-1 的开放式结构设计为扩充新的应用程序提供了便利。新服务既可以在弹出式窗口中直接加入，也可以使用 INSPECT（Check Point 功能强大的编程语言）来加入。FireWall-1 的这种扩充功能可以有效地适应时常变化的网络安全要求。

（3）状态检测机制。

Firewall-1 采用公司的状态检测专利技术，以不同的服务区分应用类型，为网络提供高安全性、高性能和高扩展性保证。FireWall-1 状态检测模块分析所有的数据包通信层，汲取相关的通信和应用程序的状态信息。网络和各种应用的通信状态动态存储、更新到动态状态表中，结合预定义好的规则，实现安全策略。

状态检测模块能够理解并学习各种协议和应用，以支持各种最新的应用。状态检测模块能识别不同应用的服务类型，还可以通过以前的通信及其他应用程序分析出状态信息。状态检测模块检验 IP 地址、端口以及其他需要的信息，以决定通信包是否满足安全策略。

状态检测技术应用程序透明，不需要针对每个服务设置单独的代理，使其具有更高的安全性、更高的性能、更好的伸缩性和扩展性，可以很容易地把用户的新应用添加到保护的服务中去。

（4）OPSEC 支持

Check Point 公司是开放安全企业互连联盟（OPSEC）的组织者和倡导者之一。OPSEC 允许用户通过一个开放的、可扩展的框架集成、管理所有的网络安全产品。OPSEC 通过把 FireWall-1 嵌入已有的网络平台（如 UNIX、

Windows 服务器、路由器、交换机以及防火墙产品），或把其他安全产品无缝地集成到 FireWall-1 中，为用户提供一个开放的、可扩展的安全框架。

目前已有 IBM、HP、Sun、Cisco 和 BAY 等超过 135 个公司加入了 OPSEC 联盟。

（5）企业级防火墙安全管理。

FireWall-1 允许企业定义并执行统一的防火墙中央管理安全策略。

企业的防火墙安全策略都存放在防火墙管理模块的一个规则库里。规则库里存放的是一些有序的规则，每条规则分别指定了源地址、目的地址、服务类型（HTTP、FTP、Telnet 等）、针对该连接的安全措施（放行、拒绝、丢弃或者是需要通过认证等）、需要采取的行动（日志记录、报警等）以及安全策略执行点（是在防火墙网关还是在路由器或者其他保护对象上实施该规则）。

FireWall-1 管理员通过一个防火墙管理工作站管理该规则库，建立、维护安全策略，加载安全规则到装载了防火墙或状态检测模块的系统上。这些系统和管理工作站之间的通信必须先经过认证，然后通过加密信道传输。FireWall-1 直观的图形用户界面为集中管理、执行企业安全策略提供了强有力的工具。

① 安全策略编辑器：维护被保护对象，维护规则库，将添加、编辑、删除规则加载到安装了状态检测模块的系统上。

② 日志管理器：提供可视化的对所有通过防火墙网关的连接的跟踪、监视和统计信息，提供实时报警和入侵检测及阻断功能。

③ 系统状态查看器：提供实时的系统状态、审计和报警功能。

（6）企业集中管理下的分布式客户机服务器结构。

FireWall-1 采用集中控制下的分布式客户机／服务器结构，性能好，配置灵活。网络可以设置多个 FireWall-1 监控模块，由一个 GUI 工作站负责管理监控，以实现企业统一的安全策略。中央管理工作站和各模块之间的数据通信采用加密传输，形成安全的通信通道。所有的安全策略规则都通过图形用户界面定义，可以定义的对象类包括主机、网段、其他网络设备、用户、服务、资源、时间、加密密钥等。FireWall-1 还提供了图形化的日志、记账和跟踪功能。

（7）认证。

远程用户和拨号用户可以经过 FireWall-1 的认证后，访问内部资源。

FireWall-1 可以在不修改本地服务器或客户应用程序的情况下，对试图访问内部服务器的用户进行身份认证。FireWall-1 的认证服务集成在其安全策略中，通过图形用户界面集中管理，通过日志管理器监视、跟踪认证会话。FireWall-1 提供以下三种认证方法。

① 用户认证（User Authentication）：针对特定服务提供的基于用户的透明的身份认证，服务限于 FTP、Telnet、HTTP、HTTPS、Rlogin。

② 客户机认证（Client Authentication）：基于客户机 IP 的认证，对访问的协议不做直接的限制。客户机认证不是透明的，需要用户先登录到防火墙认证 IP 和用户身份之后，才允许访问应用服务器。客户机不需要添加任何附加的软件或做修改，当用户通过用户认证或会话认证后，也就通过了客户机认证。

③ 会话认证（Session Authentication）：提供基于服务会话的透明认证，与 IP 无关。采用会话认证的客户机必须安装一个会话认证代理，当访问不同的服务时必须单独认证。

FireWall-1 提供多种认证机制供用户选择：S/Key、FireWall-1 Password、OS Password、LDAP、Secure ID、RADIUS 及 TACACS 等。

（8）网络地址翻译。

FireWall-1 支持以下三种不同的地址翻译模式。

① 静态源地址翻译：当内部的一个数据包通过防火墙出去时，将其源地址（一般是一个内部保留地址）转换成一个合法地址。静态源地址翻译与静

态目的地址翻译通常是配合使用的。

② 静态目的地址翻译：当外部的一个数据包通过防火墙进入内部网时，将其目的地址（合法地址）转换成一个内部使用的地址（一般是内部保留地址）。

③ 动态地址翻译（也称为隐藏模式）：将一个内部网的地址段转换成一个合法地址，以解决企业的合法 IP 地址不足的问题，同时隐藏内部网络结构，提高网络安全性能。

（9）内容安全。

FireWall-1 的内容安全服务保护网络免遭各种威胁，包括病毒、Jave 和 ActiveX 代码攻击等。内容安全服务可以通过定义特定的资源对象，制定与其他安全策略类似的规则来完成。内容安全与 FireWal-1 的其他安全特性集成在一起，通过图形用户界面集中管理。OPSEC 提供应用程序开发接口以集成第三方内容过滤系统。

（10）完善的负载分配与故障恢复。

Check Point 提供了一个可选模块——Cluster XLTM，它是为各种网关流量控制提供的一个先进的高可用性和负载共享解决方案。Cluster XLTM 能够通过集群网关分配备种类型的信息流。如果一个网关变为不可访问，所有新的和正在进行的连接都会无缝地重定向到剩余的集群成员。在故障恢复期间，任何类型的连接都不会被丢弃。

（11）安全 VPN 的基础。

FireWall-1 为 Check Point 的虚拟专用网络解决方案（VPN-1）提供底层平台。通过 Check Point VPN-1/FireWall-1 对 VPN 信息流应用安全规则，以保证网络安全绝对的完整性。FireWall-1 安装可以很容易地升级到 VPN-1。

（二）其他典型防火墙产品简介

1.Cisco 公司的 PIX 防火墙

Cisco 是全球领先的互联网设备供应商，成立于 1984 年，总部位于美国加利福尼亚州的圣何塞。Cisco Secure PIX 防火墙系列是业界领先的产品之一，位居中国防火墙市场份额之首。Cisco Secure PIX 是硬件防火墙，也属于状态监测型。Cisco Secure PIX 防火墙具有很好的安全性、可靠性等性能，其主要的特点如下。

（1）绝对安全。它是绝对安全的黑盒子，非 UNIX、安全、实时，内置系统。此特点消除了与通用的操作系统相关的风险，保证了 Cisco Secure PIX 防火墙系列能的出色性能—提供高达 50 万进发连接，比任何基于操作系统的防火墙高得多。

（2）自适应安全算法。适应性安全算法（Adaptive Security Algorithm，ASA）是一种状态安全方法。每个向内传输的包都将按照适应性安全算法和内存中的连接状态信息进行检查。安全业界人士认为，这种默认安全方法要比无状态的包屏蔽方法更安全。

Cisco Secure PIX 防火墙系列的核心是能够提供面向静态连接防火墙功能的自适应安全算法，这比分组过滤更简单、更强大。它提供了高于应用级代理防火墙的性能和可扩展性。ASA 维持防火墙控制的网络间的安全外围。面向连接的状态 ASA 设计根据源地址和目的地址、随机 TCP 顺序号、端口号和附加 TCP 标志来创建进程流。所有向内和向外流量由到这些连接表条目的安全策略应用控制。

（3）切入型代理。切入型代理（Cut-Through Proxy）是该防火墙的独特特性，能够基于用户对向内部或外部的连接进行验证。与在 OSI 模型的第七层对每个包进行分析（属于时间和处理密集型功能）的代理服务器不同，它首先查询认证服务器，当连接获得批准之后建立数据流。随后，所有流量都将在双方之间直接、快速地流动，性能非常高。借助这个特性，可以对每个用户 ID 实施安全政策。在连接建立之前，可以借助用户 ID 和密码进行认证。它支持认证和授权。用户 ID 和密码可以通过最初的 HTTP、Telnet 或 FTP 连接输入。

与检查源 IP 地址的方法相比，切入型代理能够对连接实施更详细的管理。

在提供向内认证时，需要相应地控制外部用户使用的用户 ID 和密码（在这种情况下，建议使用一次性密码）。

（4）具有专利权的用户验证和授权。Cisco Secure PIX 防火墙系列通过直通式代理以获得专利的在防火墙处透明验证用户身份、允许或拒绝访问任意基于 TCP 或 UDP 的应用的方法，获得更高性能优势。该方法消除了基于 UNIX 系统的防火墙对相似配置的性价影响，并充分利用了 Cisco 安全访问控制服务器的验证和授权服务。

（5）标准虚拟专用网选项功能。该防火墙免费提供基于软件的 DES IPSec 特性。此外，可选 3DES、AES 许可和加密卡。可帮助管理员降低将移动用户和远程站点通过互联网或其他公共 IP 网络连接至公司网络的成本。PIX VPN 实施基于新的互联网 IPSec 和 IKE 标准，与相应的思科互联网络操作系统（Cisco IOS）软件功能完全兼容。

（6）防范攻击。该防火墙可以控制与某些袭击类型相关的网络行为：如单播反向路径发送、Flood Guard、Frag Guard 和虚拟重组、DNS 控制、ActiveX 阻挡、Java 过滤、URL 过滤等。

（7）多媒体支持。该防火墙无需对客户机进行重新配置，就能支持各种多媒体应用，不存在性能瓶颈。其支持的多媒体应用包括 RAS V2、RTSP、Real Audio、Streamworks、CU-SeeMe、网络电话、IRC、Vtreme 和实时视频点播。

（8）可配置的代理呼叫。可配置的代理呼叫功能可以控制对防火墙接口的 ICMP 访问，这个特性能够将防火墙接口隐藏起来，以防被外部网络上的用户删除。

（9）故障恢复。借助其故障恢复特性，用户可以用一条专用故障恢复线缆连接两个相同的该类防火墙设备，以便实现完全冗余的防火墙解决方案。

实施故障恢复时，应将一个设备作为主用设备，另一个作为备用设备。两个设备的配置相同，而且运行相同的软件版本。故障恢复线缆将两个防火墙设备连接在一起，使两个设备能实现配置同步和通话状态信息同步。当主用设备出现故障时，备用设备无需中断网络连接和破坏安全性就能迅速接替主用设备的工作。

（10）易管理性。Cisco Secure PIX 设备管理器（PDM）是基于浏览器的配置工具以方便用户轻松管理 Cisco Secure PIX 防火墙。它拥有一个直观的图形用户界面，用户无需深入了解防火墙命令行界面（CLI）就能建立、设置和监控防火墙。此外，范围广泛的实时、历史、信息报告提供了对使用趋势、性能基线和安全事件的关键视图。基于 SSL 技术的安全通信可有效地管理本地或远程防火墙。简而言之，PDM 简化了互联网安全性，使之成为经济有效的工具，来提高工作效率和网络安全性，以节约时间和成本。

（11）提供丰富的防火墙功能。PIX 防火墙系列除了可以支持传统的防火墙功能以外，如 NATIPAT、访问控制列表等，还提供业界领先的丰富功能，如虚拟防火墙及资源限制、透明防火墙等。

2.Juniper 公司的 Net Screen 防火墙

Juniper 网络公司成立于 1996 年，其防火墙产品目前已被很多世界领先的网络运营商、政府机构、研究和教育机构以及信息密集型企业视为坚实网络的基础。目前 Juniper 网络公司 NetScreen 防火墙产品系列有 NetScreen-5、NetScreen-10、NetScreen-100、NetScreen-200、NetScreen-500 和 NetScreen-5000 系列等。

Juniper 网络公司 NetScreen-5000 系列是专用的高性能防火墙/VPN 安全系统，旨在为大型企业、运营商和数据中心网络提供更高级别的性能。NetScreen-5000 系列包括两款产品：2 插槽的 NetScreen-5200 系统和 4 插槽的 NetScreen-5400 系统。NetScreen-5000 安全系统将防火墙、VPN、DoS 和 DDoS 防护以及流量管理功能集成到了一个小巧的模块化机箱中。NetScreen-5000 系列构建在 Juniper 第三代安全 ASIC（专用集成电路）和分布式系统架构基础上，提供卓越的可扩展性和灵活性，同时通过 Juniper 网络公司 NetScreenos 定制操作系统提供高级别的系统安全性。这两款产品都部署了用于数据交换的交换结构以及用于控制信息的单独多总线信道，为苛刻的环境提供可扩展的性能。

NetScreen-5000 防火墙产品的主要特性和优势如下。

（1）基于机箱的模块化安全系统，为大型企业和运营商提供灵活、可扩展的解决方案。

（2）全面的高可用性解决方案，可在一秒内实现接口间或设备间的故障切换。

（3）全网状配置，允许在网络中提供冗余的物理路径，从而提供最高的故障恢复功能和最长的正常运行时间。

（4）虚拟系统支持，允许将系统分割为多个安全域，每个域都有自己独特的管理员、策略、VPN 和地址簿。

（5）接口灵活，可满足不断变化的网络连接要求和未来增长要求。

（6）虚拟路由器支持，可将内部、专用或重叠的 IP 地址映射到全新的 IP 地址，提供到最终目的地的备用路由，且不被公众看到。

（7）可定制的安全区，能够提高接口密度，无需增加硬件开销，可降低策略制定成本，限制未授权用户的接入与攻击，简化防火墙/VPN 管理。

（8）透明模式，允许设备作为第二层 IP 安全网桥运行，提供防火墙、VPN 和 DoS 防护功能，只需对现有网络进行最少的改变。

（9）通过图形 Web UI、CLI 或 NetScreen-Security Manager 集中管理系统进行管理。

（10）基于策略的管理，用于进行集中的端到端生命周期管理。

3. 天融信网络卫士防火墙

天融信网络卫士防火墙（NGFW）是 TOPSEC 安全体系的核心，是 TOPSEC 端到端整体解决方案的实现和组成部分，是业界优秀的防火墙解决方案。目前有 NGFWARES、NGFW3000、NGFW4000 和 NGFW4000-UF 四种产品。其中，NGFW ARES 特别适用于行业分支机构、中小型企业、教育行业非骨干节点院校等中小用户，充分满足中小用户的需求：NGFW3000 特别适用于网络结构中等、应用丰富的中型和小型网络环境：NGFW4000 适用于网络结构复杂、应用丰富、高带宽、大流量的大中型企业骨干级网络环境。NGFW4000 防火墙系统组成如下。

（1）网络卫士防火墙 NGFW4000-UF（硬件）：一个基于安全操作系统平台的自主版权高级通信保护控制系统。

（2）日志管理器软件系统：一个可运行于 Linux、Windows 系统，对网络卫士防火墙 NGFW4000-UF 提供的访问日志信息进行可视化审计的管理软件。

（3）防火墙集中管理器软件：一个可运行于 Windows 系统，对处于不同网络中的多个网络卫士防火墙进行集中管理配置的管理软件。

NGFW4000-UF 防火墙的主要特点如下。

① 高安全性。专用的硬件平台与专用的安全操作系统，专为防火墙、VPN 等安全应用设计开发，最大限度地确保了系统自身的安全性和高性能。

② 高性能。精简的操作系统、专用硬件及先进的核心处理机制的完美结合，实现高吞吐量、高带宽的安全检测，在确保安全的同时，保证网络的正常应用。

③ 高可靠性。采用由天融信公司与专业硬件厂商联合设计研发的工业控制级硬件平台，结构合理，工艺精细，最大限度地保证了稳定可靠和高效安全。支持防火墙的双机备份，并通过防火墙自身的负载均衡，提高防火墙在高带宽的网络环境中的有效性能。

④ 深层日志及灵活、强大的审计分析功能。审计日志包括日志会话和日志命令。日志会话也就是传统的防火墙日志，负责记录通信时间、源地址、目的地址、源端口、目的端口、字节数、是否允许通过等。日志会话信息用来进行流量分析已经足够，但是用来进行安全性分析还远远不够。应用层日

志命令在日志会话的基础之上记录下各个应用层命令及其参数，如 HTTP 请求及其要取的网页名。访问日志是在应用层命令日志的基础之上记录下用户对网络资源的访问，它相应用层日志命令的区别是：应用层命令日志可以记录下大量的数据，有些用户可能不需要，如协商通信参数过程等，针对 FTP 协议，日志会话只记录读、写文件的动作；日志命令则是在访问日志的基础上，记录用户发送的邮件、用户下载的网页等，支持日志的自动导出与自动分析，支持防火墙配置文件的导入与导出、防火墙配置文件信息的备份与恢复。

⑤ 管理方便。它支持面向基于对象的管理配置方式：支持 GUI 集中管理及命令行管理方式；支持本地管理、远程管理和集中管理；支持基于 SSH 的远程登录管理和基于 SSL 的 GUI 方式管理；支持 SNMP 集中管理与监控，并与当前通用的网络管理平台兼容，如 HPOpenview，方便管理和维护。

⑥ 高适用性。采用独创的混合工作模式，方便接入，不影响原有网络结构：支持众多网络通信协议和应用协议，如 DHCP、VLAN、ADSL、ISL、802.1q、Spanning Tree、NetBEUI、IPSec、H.323、MMS 等，保证用户的网络应用，方便用户扩展 IP 宽带接入及 IP 电话、视频会议、VOD 点播等多媒体应用。

⑦ 支持 TOPSEC 技术体系的核心技术。支持 TOPSEC 技术体系的核心技术，可以实现防火墙、IDS、病毒库之间的互通与联动，并支持各种网络关系系统的管理，以及接受 TOPSEC 安全审计综合分析系统等审计系统对防火墙事件进行管理和分析。

4. 东软 Neteye 防火墙

Neteye 防火墙是由东大阿尔派公司针对我国的具体应用环境自主开发、在国内具有代表性的防火墙系统。Neteye 防火墙 v3.2 是东软 Neteye 系列防火墙中采用流过滤技术的产品，基于状态包过滤的流过滤体系结构，保证从数据链路层到应用层的完全高性能过滤。系统的主要模块工作在操作系统的内核模式下，并对协议的处理进行了优化，其性能达到线速，完全满足高速的、对性能要求苛刻网络的应用。

　　流过滤技术的基本原理是以状态包过滤的形态实现对应用层的保护。通过内嵌的专门实现的 TCP，在状态检测包过滤的基础上实现了透明的应用信息过滤机制。在这种机制下，从防火墙外部看，仍然是包过滤的形态，工作在链路层或 IP 层，在规则允许下，两端可以直接访问。但是对于任何一个被规则允许的访问在防火墙内部都存在两个完全独立的 TCP 会话，数据以"流"的方式从一个会话流向另一个会话。由于防火墙的应用层策略位于流的中间，因此可以在任何时候代替服务器或客户端参与应用层的会话，从而起到了与应用代理防火墙相同的控制能力。

　　Neteye 防火墙 v3.2 的主要功能特点如下。

　　（1）创新的高性能核心保护能力。基于状态包过滤的流过滤体系结构，实现了高性能、可扩展、透明的对应用层协议的保护。基于这个机制，防火墙的应用协议处理模块可以根据需要重写应用会话的任何部分或全部。Neteye 防火墙 v3.2 中支持的协议包括 HTTP、SMTF、FTP 对于这些应用协议，都可以通过隐藏或替换服务器的标识信息达到防止服务器信息泄露的目的，这个功能可以有效地阻止对服务器的扫描。

　　（2）动态保护网络安全。网络安全本身是动态的，其变化非常迅速，每天都可能有新的攻击方式产生，安全策略必须能够随着攻击方式的产生而进行动态地调整，这样才能动态地保护网络的安全。基于状态包过滤的流过滤体系结构，具有动态保护网络安全的特性。Neteye 防火墙的安全响应小组对于新的攻击方式时刻进行跟踪，并在第一时间发布解决方案，使 Neteye 防火墙能够有效地抵御各种新的攻击，动态保障网络安全。

　　（3）可扩展的模块化应用层协议支持。该功能完善了动态规则特性，使其更容易扩展，用户可以通过简单的下载、升级模块，达到对新的复杂应用的支持。这也是流过滤体系结构优良可扩展性的体现。在流过滤的平台基础上，用户可以方便、快捷地进行应用级插件的开发和升级，使防火墙不断适应新的应用协议。

（4）集成 VPN 功能。集成的 VPN 功能，支持 IPSec、IKE 等标准协议。由于 VPN 的部署通常涉及的点数都比较多，加之协议本身复杂，因此部署、维护 VPN 成本非常高。Neteye 防火墙 v3.2 充分考虑用户需求，在保证安全性的同时，使 VPN 的部署非常简单易用。

（5）与 IDS 联动。Neteye 防火墙 v3.2 通过与 IDS 的联动，实现了动态的自适应的调整安全策略，构建了实时动态的防御体系，通过配置的动态规则实现动态过滤，提升了防火墙的机动性和实时反应能力，大大地提高了整个系统的安全性。

（6）使高可靠性和高可用性保证网络永不间断。Neteye 防火墙 v3.2 通过硬件体系结构设计、关键部件冗余、带内带外双重通道管理最低一秒的双机热备自动保护切换等功能，以充分满足网络的可靠性和可管理维护性要求，保证了网络的永不间断。

（7）多样化的管理方式。Neteye 防火墙 v3.2 支持各种管理方式，包括支持基于浏览器、通过 SSL 远程管理模式、支持 GUI 的专用管理器管理模式及串口管理模式。

（8）完备的审计功能。Neteye 防火墙 v3.2 的审计日志包括三个部分：事件日志、访问日志及 HTTP 访问日志。事件日志负责记录防火墙上发生的事件；访问日志负责记录经过防火墙的网络连接，并记录相关信息，如源 IP 地址、目的 IP 地址、目的端口、方向等信息，并可以根据用户的需要，进行审计条件的定义；HTTP 访问日志主要针对经过防火墙的 HTTP（Web 访问）的相关信息，如源 IP 地址、目的 IP 地址、方法、回应码、用户操作系统信息等。本地方式将审计日志存储在防火墙上。通过强大的审计系统，可以方便地进行安全时间跟踪、故障检测、故障定位、性能检测、安全响应。

5.联想公司的网御防火墙

联想网御超五系列防火墙是联想公司网御防火墙系列产品中的重要一员。

网御超五千兆线速防火墙——网御 NFW4000 基于 NP（网络处理器）架构，处理能力可达 4 Gb/s，是国内第一款无操作系统、多机集群且真正实现数据包内容过滤的防火墙，其技术水平已达国际标准，具有超级性能、超级安全、超级可用、超级可控、超级扩展等五个超级特性，联想网御拥有完全自主知识产权，可广泛应用于电信、金融、电力、交通、政府等行业和部门的千兆骨干网络环境。其产品主要特点如下。

（1）高性能。网御超五系列防火墙通过网络处理器芯片的多微处理器、多层协议解析和强大的芯片级编程功能，保证在宽带环境下对数据包的线速安全过滤，并能够随时方便地进行系统升级和维护。

（2）高安全。网御超五系列防火墙采用了先进的系统架构和完善的抗攻击模块，重新改写了 TCP/IP 内核，增加了人工智能的机制，能够自动适应网络状况，自动将"恶意的"攻击数据流从"善意的"合法客户的数据流中过滤掉，可以实现对 ICMP、UDP TCP 的 Flood 攻击提交频度检查与阈值分析。

网御超五系列防火墙通过对数据流进行监控和分析并识别 DoS/DDoS 传输流构成，发现并过滤即将到来的 DoS/DDoS 攻击的一部分数据包。它可以在第一时间发现 DoS/DDoS 攻击并自动做出回应，使用户有机会免遭它的打击。

（3）高可用性。网御超五系列具有电信骨干网络设备特性，支持链路冗余、电源冗余、防火墙集群方式下网络不间断的任务转移。同时，提供集中安全管理和全面实时的在线监控。多机负载均衡与双机热备份使整个防火墙系统达到了极高的可用性和性能。

（4）高可控性。网御超五系列提供国内唯一的基于硬件的带宽管理，充分保证了 QoS 的实现。同时具备完善的日志管理和强审计功能，支持网御安全管理平台的统一管理，并可实现 IDS 产品联动与响应阻断。

（5）高扩展性。NP（网络处理器）架构在提供更快性能的同时还提供比 ASIC 架构更高的灵活性，在网络安全不断变化与发展中可及时升级防火墙在芯片中的核心安全模块，真正做到随时随地的安全。

第六章　云计算安全

在对计算机网络安全展开了论述之后，本章主要讲述云计算的安全。

第一节　云计算概述

当前已经进入了"云领未来"的时代，贴着"云"标签的东西满天飞，人"云"亦"云"的现象随处可见。那么，到底什么是"云"？"云"是如何运行的？"云"的架构如何描述？"云"涉及的关键技术有哪些？"云"的优势在哪里？本章将围绕这些问题介绍云计算。

一、云计算定义

关于云计算的定义，迄今为止尚无统一的说法。其原因也非常明显，每个企业都希望在云计算产业链中独占先机抢夺有利地盘，因而自然都会从自身角度来对云计算进行定义和诠释。事实上，这些定义大同小异，下面列举一些比较有代表性的"云计算"定义。

（1）维基百科：云计算是一种将规模可动态扩展的虚拟化资源，以按需使用服务的方式通过互联网对外提供的计算模式，用户无须了解提供这种服务的底层基础设施，也无须去拥有和管理它们。

（2）百度百科：狭义云计算指 IT 基础设施的交付和使用模式，指通过网络以按需、易扩展的方式获得所需资源；广义云计算指服务的交付和使用模式，这种服务可以是 IT 和互联网软件，也可以是其他服务，即计算能力也可以作为一种商品通过互联网进行流通。

（3）IBM：云计算是一个虚拟化的计算机资源池，托管多种不同工作负载，能快速提供虚拟机器、物理机器从而适应资源负载的动态变化。

（4）Google：云计算是以公开标准和服务为基础，以互联网为中心，提供安全、快速便捷的数据存储和网络计算服务。

（5）微软：云计算是"云＋端"的混合计算模式。"云"和终端都具备很强的计算能力，因而将所有应用程序都安装在本地终端的模式不合理，从而强调"云"和终端的均衡利用，云是"软件＋服务"的综合。

（6）Berkeley 大学：云计算是包含互联网上的应用服务以及在数据中心提供这些服务的软硬件设施。

美国国家标准与技术研究所（National Institute of Standards and Technology，NIST）对云计算的定义，具体内容如下：云计算是一种资源利用模式，它能以简便途径和按需方式通过网络访问可配置的计算资源（网络、服务器、存储、应用和服务等），资源可以快速供给和释放，从而使得服务提供商能以最小的管理代价或仅进行少量工作就可实现资源发布。

从以上云计算的定义可以看出，云计算将应用和 IT 资源分开，强化了协作性、敏捷性、扩展性和可用性，以及通过优化和高效计算降低了成本。简而言之，云计算是将计算存储等资源集中在资源池中，以按需服务和按量计费形式配给用户满足其需求的一种新的计算模式。云计算将计算、网络、存储、数据等资源集中在"资源池"中，并以服务的形式提供给用户，这些服务可以快速构建、准备、部署和退出，并且可以迅速扩充或缩减其规模。NIST 定义了云计算的五个关键特征、三种服务交付模型和四种部署模型。

尽管云计算的内涵还在不断演变，其标准化定义也处于完善和发展之中，云计算的五个关键特征已经可以将其与传统计算模式区分开来，它们也是界定一个计算模式是否为云计算实例的关键。

（1）按需服务：用户可以在需要时通过管理界面自己配置计算能力，而无须与服务供应商的服务人员直接或间接交互。

（2）泛在接入：云计算的服务能力通过网络来提供，支持多种标准化网络接入手段，能够通过客户端、浏览器、移动设备等终端广泛访问。

（3）多租户和资源池：云服务商的 IT 资源被汇集到资源池中，其资源主要包括计算、存储、网络。云计算根据多租户模型，按用户需求将资源池内的物理和虚拟资源动态地分配或再分配给多个租户使用，资源的放置、管理与分配策略对用户透明。

（4）快速弹性：云计算服务能力可以快速、弹性地提供，在接到服务请求后自动实现快速扩容、快速上线并立即投入服务。对于用户来说，可提供的服务能力近乎无限，可以随时按需购买，不用担心计算、存储能力不足导致业务瓶颈。

（5）可度量性：云计算具备对相关 IT 资源运行状态的实时测量能力，能够自动控制并优化服务的资源使用，并产生统计报表。

云服务商构建的云计算环境一般包括用户交互接口、服务目录、系统管理（负载均衡）组件、监视统计组件、配置工具和计算/存储/网络基础资源等部分。

① 用户交互接口：对云计算环境提供的服务进行封装，提供统一、易用的访问和交互方式，如基于浏览器的业务管理界面、基于 SOA/RESTful 的自动调用接口等。

② 服务目录：提供云计算服务的列表，用户可以从列表中查询服务名称，查看服务说明和计费方式等，并能以便利的方式使用用户重定向至服务订阅界面。

③ 系统管理：负责云计算系统的管理维护，包括计算、存储、网络、虚拟化组件和安全策略的管理，同时提供负载均衡能力，使负载均匀分布，以提高系统效率。

④ 配置工具：根据云计算环境的运行状态，对运行参数进行动态配置，维持云计算环境的最优化运行。

⑤ 监视统计：对云计算环境状态和资源使用情况的监视和统计，用于及时发现运行中产生的各种问题。

⑥ 计算/存储/网络基础资源：支撑云计算环境的后台基础设施，包括计算、存储、网络等物理资源以及必要的虚拟化支撑软件等组件。

二、云服务交付模型

基于服务交付方式可以将云计算划分为三种服务模型：基础设施即服务（IaaS）、平台即服务（PaaS）和软件即服务（SaaS），根据每种模型的英文首字母简称为 SPI 模型。虽然业界也提出了一些其他的云计算交付模型，但 SPI 模型最被用户接受，同时也得到了 NIST 和大多数云服务商（CSP）的认可。

在 IaaS 中，提供给用户的服务是对所有设施的使用权限，包括计算、存储、网络和其他资源。通过云服务商为用户分配的基础设施访问接口，用户可以选择操作系统类型、定制存储空间，并部署应用程序，还能获得网络及安全组件（如防火墙、负载均衡等）的部分管理权限。

在 PaaS 中，用户将得到能够部署可执行代码的运行环境。用户将自己开发的功能代码或购买的应用程序提交至云计算平台，并从资源池中获得相应的计算存储和网络资源供这些程序使用。在应用程序上线、用户能够正常使用后，云服务商按照运行环境所消耗的资源、时间周期向程序开发者收取费用。使用 PaaS 的开发者可以根据预算和实际需要，选择运行应用程序的托管环境性能等级，对环境变量进行参数配置以优化应用程序的性能，而不需要管理或控制底层基础设施。

在 SaaS 中，网络、服务器、操作系统、存储等资源均由云服务商提供并进行维护，用户不需要管理或控制底层基础设施和软件运行环境，用户只需要通过客户端、浏览器、移动设备等终端就能够访问和使用云服务商所提供的软件服务，如 Web 服务、应用程序等。

（一）基础设施即服务

NIST 对 IaaS 的定义：将计算、存储、网络等基础 IT 资源以服务方式提供给用户，基于这些资源，用户可以部署和运行包括操作系统在内的各种软件，而无须管理或控制底层云基础设施。此外，用户还可以按需对 CPU、内存、磁盘、网络和安全组件（如防火墙）等进行灵活配置。IaaS 以服务方式将计算基础设施提供给用户与传统的租用基础设施（如虚拟主机、托管服务器）服务存在很大不同。

亚马逊弹性云（EC2）是一种典型的 IaaS 云服务，提供了大量的底层硬件资源的服务接口，让用户或应用能在几乎不受限的情况下自由灵活配置资源，并随应用需要进行动态增减。然而，IaaS 云服务只为用户提供计算、存储、网络等基础功能，不会为用户提供任何上层服务，用户需要花费大量时间来设计、构建并部署自己的应用。

（二）平台即服务

NIST 对 PaaS 的定义：用户可利用云服务商支持的编程语言和工具来开发应用，并将开发出的应用部署到云中，只需要负责应用环境配置和应用部署，而不需要管理底层基础设施。

通过提供计算平台和开发工具包，PaaS 加速了软件应用的开发和部署速度。PaaS 在底层将软件进行封装，并将软件包以服务的形式提供给用户访问。PaaS 只是将一个几乎空白的云计算环境开发平台提供给用户，用户为了实现业务功能仍需部署代码。使用 PaaS 服务进行应用设计和发布的资金投入较低，PaaS 服务商为应用开发提供全程支持，用户无须大量购置应用开发的相关硬件和软件。PaaS 服务既能用于端到端软件开发测试和部署，也能用于专用软件（如内容管理软件 CMS）的开发。PaaS 向应用开发者提供的服务包括以下内容：

① 应用服务、开发测试和部署的虚拟环境；

② 可选的应用标准，通常基于开发者的需求；

③ 开发环境配置工具包；

④ 打包及发布向导；

⑤ 应用程序的维护和版本升级，以及系统间集成。

具有代表性的 PaaS 服务有 Google App Engine（GAE）和 Microsoft Azure。Google App Engine 提供一套 API 来方便 Python 或 Java 用户编写可扩展的应用程序，使得用户不需关心服务器的运行状态和管理维护，只需通过 GAE 接口上传并运行应用程序代码。Microsoft Azure 构建在 Microsoft 数据中心内，为用户开发和部署应用程序提供 API，包括在线服务 Liveservices、关系数据库服务 SQLServices、各类应用程序服务器 .NET Services 等。

（三）软件即服务

NIST 对 SaaS 的定义：SaaS 向用户提供运行在云计算环境中的应用服务，用户通过客户端、浏览器、移动设备等终端，来获得这些应用服务（如基于网页的电子邮件系统），而不需要管理底层基础设施和应用开发环境。

SaaS 和传统应用服务提供商有着明显的不同。在传统模式下，软件购买、安装模式通常按软件副本或许可证收费，而 SaaS 用户则通过实时支付或签订购买协议租用软件。传统模式是在购买软件并取得授权时进行一次性的收费；而 SaaS 却是根据服务使用情况和持续时间收取费用。企业、个人和团体在使用 SaaS 软件前需要预先指定服务类型，并预存一定量的费用（有些 SaaS 服务商允许免费试用一段时间），随后通过互联网访问软件应用。SaaS 模型的优势包括：

（1）用户通过向 SaaS 服务商采购应用服务，既不参与软件开发也不负责服务器的运营，因而花费更少、管理更容易、对自有资源的要求更低。

（2）SaaS 模型可以防止非授权拷贝，且支持在线软件升级及补丁分发控制，这使得 SaaS 服务商大大受益。

（3）终端用户或远程 / 分支机构能够快速地通过互联网访问应用服务，

访问过程得到大幅简化，除了需要通过修改网络边界设备（像防火墙）的配置来开放访问所需的部分端口外，用户端所需的配置工作非常少，用于访问 SaaS 服务的硬件要求也很低。

典型的 SaaS 服务包括 Salesforce.com 的客户关系管理云 CRM，Google 公司向企业和个人用户提供的文字处理服务（Google Doc）等。

三、云部署模型

云计算包括公有云、私有云、社区云和混合云四种部署模型。这四种模型并没有对基础设施或应用的物理位置进行限定，SPI 服务交付模型和部署模型间也不存在绑定关系；也就是说，一类服务交付模型（如 PaS）可以采用一种或几种部署模型。在企业看来，根据云的用途以及它与整个企业的关系，云部署模型可以归为外部云或内部云两类，企业采用哪种部署模型取决于哪种模型能够为业务运行提供更好的解决方案。例如，对合规性和安全性要求较高的关键应用宜采用内部云，而用于临时项目开发的普通应用则更适合采用外部云。

（一）公有云

NIST 对公有云的定义：公有云是用于公众的或大型工业组织的云基础设施，归属于提供云服务的运营商企业。公有云原则上对普通大众是开放的，在这里普通大众指个人用户或企事业单位。Amazon Web Services、Google App Engine，Sales-force.com 和 Windows Azure 都属于公有云。

在公有云中，云服务商完成其拥有的云计算数据中心的日常运维和管理操作，从而大大减轻了用户运行与维护基础设施的压力。公有云最明显的优势是为用户节约成本，同时也提供 IT 基础设施的共享远程运行、动态授权与服务供应等。

使用公有云的一个成功案例是，2009 年奥巴马总统主持的市政厅会议上利用云计算减少会议财务支出。为了确定奥巴马该回答哪些问题，通过动态分配虚拟服务器，对 350 万份投票进行处理，从而不需要预先准备大量的物理服务器对投票数据进行分析。公有云共享资源的做法将大大提高资源的利用率，但多个租户共享相同的基础设施又会带来数据与隐私的安全保护问题。这个问题已成为阻碍用户、企业迁移至云服务的主要障碍。

（二）私有云

NIST 对私有云的定义是：一种专门供企业内部使用的、由企业或第三方管理的、位于企业网络内或企业网络外的云基础设施。私有云也叫内部云，一般归企业自身所有。私有云既具有通用云计算中资源高效利用的优点，又使企业拥有对资源的控制和管理权。

私有云和公有云的主要区别在于私有云的基础设施专门供某个企业使用，其他企业无法共享这些设施。这些基础设施由企业出资购买并由企业负责维护，主要包括机房、计算资源存储资源、网络资源、配套电力及管理设备等。因此，私有云比公有云的安全性更高。在私有云中尽管也存在资源和基础设施的共享，但这种共享仅仅是企业内部的共享，用户都是内部人员，具有较高的可信度。此外，在这种模型中，企业具有云基础设施的拥有权和控制权，从而可以充分利用各种安全机制和安全设备来保证安全，降低私有云遭受外部攻击的风险。

（三）社区云

NIST 对社区云的定义：几个企业共享的云基础设施，为有共同需求的特定社区或组织提供服务。这些共同需求包括任务、公共服务、安全要求、策略和制度等。从概念上讲，社区云是介于私有云和公有云之间的云。在社区云中，基础设施由多个企业共同提供，这些企业可以共享这些设施。

社区云的用户有着相同的关注点，如安全要求、非竞争商业目标、合规性考虑等。社区云的物理设施可以部署在任何一个成员的网络中或者第三方网络区域，由成员间协定的管理团队进行统一管理和配置。社区云与私有云相比扩大了资源共享的范围，使计算、存储网络资源能够在更广阔的范围内流通。但是，社区云基础设施的管理复杂度较高，所有关系和责任难以划分清楚，资源管理、隐私保护、系统容灾和恢复等是社区云安全管理所面临的主要挑战。

（四）混合云

NIST 对混合云的定义：由公有云、私有云、社区云中两种或两种以上的云组合而成的云。混合云既保持了各组成云自身的特点，又通过专门技术或标准将它们融为一体，使得数据服务和应用服务更加贴近用户的需求。

大多数混合云都是私有云和公有云的组合。混合云的一个标志性特征是"Cloudburst"。"Cloudburst"是指当需求最旺盛时，云仍能在不牺牲安全性的前提下，实现应用的动态部署，即混合云的构架具有最大限度的弹性。许多 SaaS 提供商正在尝试提供具有"Cloudburst"机制的云应用服务，利用多个私有云或公有云形成混合云，为用户提供业务支撑。

四、云计算优势

与传统的计算模式相比，云计算有许多明显优势，主要包括易用性和可恢复性、节约成本、海量数据的集中式存储快速的计算资源部署和规模的动态伸缩等。下面对云计算的这些优势分别进行说明。

1. 易用性和可恢复性

云计算的一个明显优点是它的易用性，它能够帮助用户节约大量的配置和管理时间，而将工作重心放在资源的使用和业务处理上。易用性主要体现在以下方面：

（1）用户无须升级服务器；

（2）用户不必安装软件补丁；

（3）自动提供服务升级和新技术支持；

（4）按需分配资源；

（5）关注创新而不关注维护；

（6）构建简单；

（7）不改变用户的使用习惯。

一般情况下，云服务商为用户提供几种默认的配置方案，让用户可以在一系列计算资源和存储资源配置方案中做出选择，而对于高级用户，云服务商允许其对环境配置和关键参数进行调整，以满足高级用户的需求。

灾难恢复和事务可持续处理是云所固有的能力，可恢复性是通过在多个地理位置部署冗余资源并实施容灾切换技术来实现的。随着智能管理的成熟，故障发现和自我治愈机制将使云资源的可靠性和健壮性日益提高。

2. 节约成本

使用云的一个好处就是节约成本、减少开支，因为用户不再需要花费大量资金去购置硬件设备。特别是，数据密集类应用中这种优势更加明显，购置数据库服务器的资金耗费被云模式可管理、可计量的数据操作计费所替代。

云服务的引入还能大大降低企业系统支持和维护费用，因为这些工作都转移给了云服务商。根据互联网数据中心（IDC）2014年发布的全球及地区服务器 2015~2018 年预测报告，服务器托管是互联网企业最大的一笔花费，将以 11% 的复合增长率，从 257.2 亿美元增长到 433.4 亿美元。而云计算可以实现资源的高效利用，从而节约大量运维和技术支持费用。

降低能耗是使用云的另一个重要原因。据英国一家咨询公司调查研究发现，全球近 470 万台服务器大部分时间都是空闲的，它们在能源花费上浪费的资金高达 250 亿美元；在购买设备后，企业在服务器能耗上的花费是硬件上花费的两倍。云计算将多个用户的计算需求集中起来，尽量提高每一台服务器的工作效率，通过使用满足性能要求的最少设备来执行计算任务，从而避免了高性能服务器空转对能源的耗费。

3.集中式数据存储

与传统的方式相比，云提供的数据存储资源更多容量更大。用户可以根据自己的需要调整所需的云存储资源的大小。集中式的存储设施在资源利用、固定资产购置和操作培训三方面都提高了资源利用率。另外，集中式系统比分布式系统更容易实时数据保护和监控。

数据的集中存储也有不利的地方，特别是将大量敏感数据集中存储在安全风险，集中、虚拟化的存储环境更容易受到黑客和犯罪组织的攻击。但是，如果能有效地部署安全防护措施，集中式数据存储将会比分布式存储更安全、更有保障。

4.部署时间短

云计算提供了多种方式和技术实现计算资源的快速部署，主要包括多租户环境下的软件封装技术并行部署技术、协同部署技术、流传输技术等。这些技术确保云服务商能根据用户需求快速为用户配置资源。

5.可伸缩性

在不使用云的情况下，企业需要准备海量存储空间来存储关键数据，为了满足峰值负载性能需要购置额外的服务器，在多数时间里，这些服务器处于闲置状态，无法充分发挥其系统资源和工作能力，因而使用率低造成了成本浪费。

云计算向用户提供了一种资源弹性供应方式，能根据用户需要增加或减少资源配给。利用云服务的可伸缩性，用户可以自己配置资源扩容规则，在访问峰值期间增加资源量，在平时将资源减少至所需量，从而最大化资本支出的性价比。

五、云计算关键技术

云计算一经问世就展现出传统计算模式无法比拟的优势，而这些优势离不开关键技术的支撑，云计算中的关键技术主要如下。

1. 快速部署技术

软件是否能快速部署会直接影响云计算的使用价值。云计算采用的快速部署技术主要有并行部署技术和协同部署技术，部署对象包括物理机和虚拟机。

并行部署技术就是将部署任务分割成若干个可并行执行的子任务，由部署控制主机同时执行这些子任务，将软件或镜像文件快速部署到物理机或虚拟机上。和传统的顺序部署方式相比，并行部署能成倍减少部署时间。然而，由于网络带宽限制，当带宽被占满时，部署速度就无法进一步提高。

解决网络带宽受限的有效方式是采用协同部署技术。在这种部署方式中，不仅部署控制主机会同时将软件或镜像文件部署到多台主机上，而且已完成部署的主机也可以进行资源部署工作。协同部署的速度上限取决于目标物理机之间网络带宽的总和。

2. 资源调度技术

云计算以服务的形式将资源提供给用户，既易于资源的利用又提高了效率，但这也给资源调度提出了更高的要求。所谓资源调度，就是在特定的资源环境下，根据一定的资源使用规则，在不同资源使用者之间进行资源调整。云计算的资源调度方法主要有虚拟机资源的动态调整和分配以及虚拟机迁移两种。

虚拟机资源动态调整分配的必要条件是能实时准确地对资源进行监控。在云计算环境中，虚拟机管理器除了负责将物理资源抽象为虚拟资源外，还负责物理资源和虚拟资源的监控和调度，根据计算任务的需要和实时的资源工作情况，动态增加或回收资源。

虚拟机迁移是云计算的另一种重要资源调度方式。当发现物理主机负载不均衡或物理主机即将宕机时，虚拟机管理器就会将该虚拟机动态迁移到负载较轻的物理主机上。目前，动态迁移大多只能在同一数据中心内进行，跨数据中心的动态迁移由于受网络限制较难实现。

3. 虚拟化技术

虚拟化技术作为云计算的关键技术，改变了现代数据中心的架构。虚拟化实际上就是对物理资源（CPU、存储、网络等）进行抽象。基础设施虚拟化提出了资源平等利用的概念，它意味着任何用户在授权后都可以按照约定的方法访问资源池中的资源，并让用户感觉到资源专属于自己。目前，数据中心采用的虚拟化技术多种多样，包括服务器虚拟化、存储虚拟化、网络虚拟化、数据库虚拟化、应用软件虚拟化等。

Sun Microsystem（已被 Oracle 收购）实现了服务器操作系统和应用程序等的虚拟化，能根据每位用户的需求启动和运行相应操作系统。Sun Microsystem 使用的虚拟化平台是原 Sun 公司的虚拟机管理器，该平台通过虚拟化实现硬件的共享，支持主流服务器操作系统（如 Linux.Solaris 和 Windows）的运行。虚拟机管理器是一种运行在物理机器上的软件，负责实现 CPU、存储、网络等的虚拟化，对这些虚拟化设备进行管理，并对虚拟机 I/O 操作和内存访问进行控制。通过对虚拟机操作系统进行配置，就能调用虚拟机管理器提供的功能。虚拟机的控制域负责管理其他虚拟机，这种负责管理虚拟机的虚拟机被称作服务控制台，它负责虚拟机的创建、销毁、迁移、修复和恢复等工作。

4. 多租户技术

云计算在基础设施层采用虚拟化技术简化资源的使用方式，而在应用层采用多租户技术实现资源的高效利用。

多租户指的是一个单独的实例可以为多个组织或用户服务。多租户技术使大量租户能够共享同一资源池的软、硬件资源，每位租户均能按需使用，并能在不影响其他租户的前提下对服务进行优化配置。要想使软件支持多租户，在设计开发时就要考虑到数据和配置信息的虚拟分区，使每位租户都能分配到一个互不干扰的虚拟实例，同时实现租户实例的个性化配置能力。

5. 并行数据处理技术

互联网高速发展带来的海量数据处理需求给传统数据中心造成了沉重的

负担，海量数据处理指的是对数据规模达到太字节（TB）或拍字节（PB）级的大规模数据的计算和分析，其最典型的实例就是搜索引擎。由于数据量非常大，单台计算机难以满足海量数据处理对性能和可靠性的要求，并行计算模型和计算机集群系统应运而生，其中，并行计算模型支持高吞吐量的分布式批处理计算任务，而计算机集群系统则在由互联网连接的主机上建立一个可扩展的、可靠的运行环境来解决复杂的科学计算问题。

云拥有充足的计算、存储资源储备，但这并不意味着云天生就有处理海量数据的能力。利用云计算进行海量数据处理是通过向用户提供并行编程模型实现的。现有的云计算并行编程模型由 Google 提出，被称作 MapReduce，该模型包括映射（Map）和约简（Reduce）两个步骤。为了并行操作，先将海量数据分成若干个等长的分段，"映射"步骤负责将每个分段数据按照预定义的规则进行处理，生成中间结果并对中间结果进行归类；"约简"步骤则对归类后的中间结果进行归并处理，生成最终结果。Map 和 Reduce 的具体逻辑由用户自己定义并实现。

6.分布式存储技术

云计算不仅向用户提供计算服务，还向用户提供存储服务。在云计算环境中，数据的类型多种多样：既包括结构化数据（如关系型数据库），又包括非结构化数据（如网页）；既包括空间占用较小的文本文件，又包括数据大小以 GB 为单位的镜像文件。云计算采用分布式存储技术实现各种数据类型的统一快速和可靠地存储。以 Google 文件系统（GFS）为例，在数据存储时，客户端首先将数据拆分成规定大小的数据块，然后将数据块的元数据发往主服务器。主服务器收到数据块存储请求和元数据后，确定数据块对应的数据服务器并通知客户端。客户端根据服务器的指示将数据块存放到对应的数据服务器。为了确保数据的可靠性，GFS 采用了冗余存储方式，每个数据块都会在多台不同的服务器上存放其副本，从而使得在发生故障时，仍能够根据冗余副本恢复出精确的原始数据。

第二节　云计算安全分析

一、云计算安全威胁

（一）基本安全威胁

云计算由于自身架构复杂、涉及技术众多，与云相关的设计、构建运行和应用技术研究还不是很充分，目前云计算在安全方面尚存在较多问题，主要的安全威胁如下。

（1）基础设施层面的安全威胁：云计算基础设施环境面临多种类型的安全威胁，如网络攻击、渗透等传统网络安全威胁，资源虚拟化技术引入的越权访问、反向控制、内存泄漏等基础设施层安全威胁，以及临近攻击等物理安全威胁等。由于云的公共服务特性，拒绝服务攻击是恶意用户对云计算在网络安全方面的主要攻击类型。在云计算环境中，企业的关键数据、核心应用离开了企业网，迁移到云数据中心，随着越来越多的应用和集成业务依靠云计算，拒绝服务带来的后果和破坏将会对企业的运行产生严重影响。另外，在虚拟化安全方面，各层次虚拟化技术的不成熟导致 IaaS、PaaS 和 SaaS 存在安全风险，产生隔离，访问控制用户等级划分及实施、服务质量保证和多租户实现机制方面的问题，如果被恶意攻击者利用将导致合法用户的权益受到损害。

（2）应用层面的安全威胁：云计算服务推动了服务的网络化趋势，其最终目的是向用户交付多种多样的应用。与传统的基于操作系统数据库的浏览器 / 服务器（B/S）或客户机服务器（C/S）系统相比，云计算服务调用方式具有统一接口、多租户、虚拟化、动态、复杂业务实现等特点，因此在服务安全、Web 安全、身份认证、访问控制等方面也具有相应的安全需求。在当前的网络环境下，病毒、木马等恶意代码不断涌现，云计算环境的开放性特点使得自身的安全漏洞更容易暴露出来，需要在服务自身的运行和与用户交互的过程中实施全程的安全保障。

（3）数据层面的安全威胁：云计算环境中数据威胁突出表现为数据泄露和滥用。由于企业的重要数据和业务应用为云服务商控制和维护，在这种模式下如何实现云服务商自身内部的安全管理、职责划分和审计追踪，如何避免多用户共存带来的潜在数据风险等，都是需要重点考虑和关注的安全问题。

（4）管理标准和合规层面的安全威胁：目前云计算管理标准方面的规范尚不完善，云实现方式的多样性、结构的复杂性导致云服务通用性差、云间协同能力不足，管理边界模糊、责任划分难以明确，云服务商的服务状态展现不够透明。在可能出现的合同纠纷和法律诉讼等方面，云服务合同、服务商的 SLA 和 IT 流程规范等都还很不完善。另外，虚拟化技术带来的物理位置不确定性和国际相关法律法规的复杂性，使得云计算环境中合同纠纷和法律诉讼成为云服务推广的硬性障碍。

（二）云安全联盟定义的安全威胁

1. 威胁一：拒绝服务攻击

网络上的恶意攻击行为（如窃取银行卡密码和信用卡卡号、发送垃圾邮件和传播恶意代码等）近年来越来越频繁，严重威胁着网络使用者的安全。网络犯罪分子始终对互联网的相关技术情有独钟，对崭露头角的新应用、新产品、新趋势密切关注，对云计算也不例外。恶意入侵者能够潜入云服务商的网络，运行蠕虫病毒程序并在云计算环境内肆意破坏，使虚拟机、虚拟应用互相感染，危害云计算基础设施及用户安全；攻击者还可以伪装成合法用户，以云计算环境为跳板，向其他应用系统发起匿名攻击，或者直接使用 IaaS、Paas、SaaS 对外提供非法服务；另外，外部攻击者可以采取拒绝服务攻击降低云服务的可用性，使云计算运行质量降低，导致用户流失，从而实现自己的商业性攻击目的。

分布式拒绝服务攻击（DDoS）是在拒绝服务攻击（DoS）基础之上产生的一类攻击方式。单一的 DoS 攻击一般是采用一对一方式进行，而 DDoS 则可以利用网络上已被攻陷的计算机作为"僵尸"主机针对特定目标进行攻击。所谓僵尸主机即感染了僵尸程序（即包含恶意控制功能的程序代码）的主机，这些主机可以被远程控制从而发动攻击。在僵尸主机量非常大的情况下（如10 万台以上），攻击者可以发动大规模 DDoS 攻击，其产生的破坏力非常惊人。

网络中数据包利用 TCP/IP 协议传输，即使是无害的数据包，在数量过多的情形下也会造成网络设备或者服务器过载。在 DdoS 攻击中，攻击者利用某些网络协议或者应用程序的缺陷人为构造不完整或畸形的数据包，造成网络设备或服务器服务处理时间长而消耗过多系统资源，从而无法响应正常的业务。

DDoS 攻击之所以难于防御，是因为非法流量和正常流量是相互混杂的。非法流量与正常流量没有太大区别，且非法流量没有固定的特征，无法通过特征库方式识别。同时，许多 DDoS 攻击都采用了源地址欺骗技术，使用伪造的源 IP 地址发送报文，从而能够躲避基于异常模式识别的检测工具。

DDoS 攻击在云计算环境下逐渐成为数据中心管理人员需要面临的新挑战。随着越来越多的组织、单位开始使用虚拟化数据中心和云服务，数据中心基础设施出现了新的弱点。云计算快速弹性的特征要求云服务商自身必须具备非常强大的网络和服务器资源来支撑，按需自服务的特征又对业务开通和服务变更等环节提出了灵活性的要求。这两个特征结合在一起，使得云计算服务很容易成为滥用恶意使用服务的温床。此外，云计算提供的服务通常在互联网上以公开的、门户的方式存在，且后台往往托管着海量用户数据，因此，云计算平台很容易成为攻击者的重要目标。

云计算数据中心防御 DDos 攻击可以划分为以下几个步骤。

（1）流量学习阶段：在保护对象正常工作的状态下，根据系统内置的各种流量检测参数进行流量的学习和统计，并形成流量模型，作为后续检测防护的标准。

（2）阈值调整阶段：根据系统内置的各种流量检测参数，重新进行流量的学习和统计，并通过特定算法对流量学习阶段获得的流量模型进行调整，从而获得新的流量模型。

（3）检测防护阶段：对网络流量进行各种统计和分析，并与流量模型进行对比，如果发现存在异常，则生成动态过滤规则对网络流量进行过滤和验证，如验证源 IP 地址的合法性，对异常的流量进行清洗，从而实现对 DDoS 攻击的防御。在 DDoS 的防护过程中，阈值调整阶段和检测防护阶段可以一直持续并相互配合，实现闭环的动态阈值学习和防护的过程。因此，系统在检测防护过程中，可以自动学习流量、调整阈值，以适应网络流量的动态变化。

针对云计算的滥用恶用和拒绝服务攻击，CSA 建议的解决方案如下。

① 云服务商向用户执行更严格的注册和验证流程，在向用户提供服务之前，对用户身份进行较为全面的审查，通过历史记录判定用户的风险等级并配置不同的监控强度。

② 金融企业加强对信用卡欺诈行为的监控，开展网络安全常识的宣传工作，在执行与财产相关的重要操作前使用多种方式取得用户的认可。

③ 云服务商严密监控自己的用户并及时更新黑名单，一旦发现用户正在执行危险操作，则立即停止与其关联的服务，并通过应急响应预案检查事件记录、执行补救措施，避免遭受进一步损失。

2. 威胁二：不安全的接口和 API

为了使用户能够与云计算服务进行正常交互，以及在必要时执行配置、管理工作，云计算服务通常都提供一组应用程序接口（API）。但如果这些服务和 API 的实现存在漏洞、缺乏安全保障，可能会使黑客有机可乘，盗取用户数据。在大多数情况下，接口不安全是盲目提高开发速度的结果，为了追赶项目进度而仓促进行代码编写和测试，会使应用程序质量和安全都无法达到要求。另外，API 中的第三方插件也可能引入更高的复杂度和更大的安全风险。

大多数云计算构建服务的方式仍然是在虚拟化基础设施之上部署传统网络应用。Web 2.0 是云计算 SaaS 服务的重要提供形式之一，Flex、Ajax、Silverlight 和 JavaFX 等技术是实现 Web2.0 的重要组成部分，一方面这些部件的进化发展使得利用网络交付的服务种类和功能都大大提升了，另一方面这种转变也催生了新形态的安全威胁，如 Yamanner、Samy 以及 Spaceflash 等恶意代码均利用了 Web 2.0 应用程序中未被良好实现的接口机制进行渗透攻击。2005 年以来，Google、Netfix、Yahoo 以及 Myspace 都曾暴露出安全缺陷，黑客们可以利用这些漏洞发起跨站脚本攻击、跨站点请求伪造攻击等。

不安全的接口和 API 风险的形成来源于以下方面。

（1）跨站脚本漏洞：Web 应用程序直接将来自使用者的执行请求送回浏览器执行，使得攻击者可获取使用者的 Cookie 或 Session 信息，从而直接以使用者身份登录，利用伪造的身份非法获取信息。

（2）注入类问题：Web 应用程序执行在将用户输入转换为命令或查询语句的一部分时没有做过滤，如 SQL 注入、命令注入等攻击。

（3）任意文件执行；Web 应用程序引入来自外部的恶意文件并执行。

（4）不安全的对象直接引用：攻击者利用 Web 应用程序本身的文件操作功能，读取系统上任意文件或重要资料。

（5）跨站请求截断攻击：已登录 Web 应用程序的合法使用者执行恶意的超文本传输协议（HTTP）指令，但 Web 应用程序却将其当成合法请求处理，使得恶意指令被正常执行。

（6）信息泄露：Web 应用程序的执行错误信息中包含敏感资料，比如系统文件路径、产品信息、内部 IP 地址等。

（7）用户验证和 Session 管理缺陷：Web 应用程序中自行撰写的身份验证功能有缺陷，存在被恶意入侵的可能。

（8）不安全的加密存储：Web 应用程序没有对敏感资料加密或使用较弱

的加密算法以及将密钥储存于容易被获取之处。

（9）不安全的通信：Web应用经常在传输敏感信息时没有使用加密算法对数据进行加密。

（10）未对URL路径进行限制：某些网页因为没有权限控制，使得攻击者可通过网址直接存取后台关键程序的运行数据。

为防范不安全接口带来的风险，可以对应用代码及其中间件数据库、操作系统进行加固，并改善其应用部署的合理性。从补丁、管理接口、账号权限、文件权限通信加密、日志审核等方面，增强应用支持环境和应用模块间部署方式的安全性。CSA建议的解决方案如下：

① 云应用开发者应仔细分析云计算提供商接口的安全模型，采用规范化的输入、输出方式并严加审查。

② 云应用开发者应了解与API关联的性能要求和限制，避免内存泄漏、越界访问、缓冲区溢出等设计问题。

③ 在云计算应用运行过程中，必须确保用户身份的严格验证，在传输时使用加密机制，对管理接口实施必要的访问控制。

3. 威胁三：恶意内部人员

在信息系统中，传统的安全手段主要集中于对外界威胁的防护，特别是在终端和网络边界处的防护力度最高。而从组织内部发起的攻击具备逻辑位置的优势，能够渗透至外界攻击所不能及的区域，因此破坏更为直接，其影响和危害程度也更高。在云计算环境中，云服务商员工并不都是可靠的，如果云服务商没有实施统一级别的员工身份担保或背景审查，则用户根本无法了解到其雇佣标准及工作制度。随着云服务的不断扩大，留给服务供应商做后台检查的时间越来越少，安全风险也随之增加。

Fidelity国民信息服务公司旗下子公司Certegy Check Services的一位高级数据库管理员利用其所具有的访问权限，作为内部人员窃取了属于850余万个客户的记录。随后，他将这些资料以50万美元的价格卖给了一经纪人用于广告投放、垃圾邮件和推销等目的。后来这名员工被发现并判处 4 年监禁，同时罚款 320 万美元。这些窃取出来的数据尽管没有造成大的身份失窃及仿冒案件，但还是令波及的客户受到了垃圾邮件的干扰。如果这些用户的信息被用于信用卡诈骗或其他目的，那么该事件的影响将会更加恶劣。

恶意内部人员发起的攻击可归类于安全风险中的临近攻击或特权攻击，相对于外部的病毒、蠕虫、间谍软件等恶意代码，内部人员造成的安全威胁更大而且更容易被管理人员忽视。这些具有高级运维权限或者能够接近重要资产的人员造成的数据被窃、基础设施破坏等行为将导致企业付出高昂的代价和成本，并造成复杂而深远的后续影响，如生产力的下降，商业声誉的损失等。随着信息系统日益复杂，需要更多的雇员合约人、托管服务供应商来维护系统和网络，一些单位对于内部人员可以自由地访问公司重要网络资源的现象漠然视之，并没有意识到这种做法造成的高风险。

内部人员进行窃取或破坏有两个原因：一是为了获取钱财，二是为了建立商业优势。企业本应像监视外部人员一样监视内部人员，然而由于工作上的原因，内部人员拥有对企业资源的一些特殊的访问权限，因此在保证业务流转顺畅的同时规范内部人员的操作行为就成了一项挑战。受利益或其他原因驱使，内部人员能够利用自身的系统操作权限及已知的内部漏洞，自由篡改数据库信息、删除关键组件或破坏整个系统。这些行为将导致云计算环境遭受难以计量的损害，可能导致云服务无法运行，数据无法恢复或使得 IT 资源受到不可逆的破坏。

企业可采取以下措施保护自己。

（1）强制执行严格的内部员工管理并进行综合的云服务商评估，用户在付费使用服务前有权检查云服务商的员工管理制度。

（2）指定将人力资源条件要求作为法律合同的一部分，并明确说明在违背条款的情况下，云服务商应如何补偿用户的损失。

（3）要求实现整体信息安全，云服务商的管理实践应符合相关法律法规要求，并遵循透明性原则。

（4）定义安全违规通知流程，云服务商应考虑内部员工发起的恶意行为，并将可能导致的损失降低到最低限度。

4.威胁四：共享技术风险

在 IT 资源稀缺的时代，设计者们采用 CPU 时间片轮转、磁盘分区、网络协议聚合等方式尽量提高设备的运转效率，使多个用户能够协同工作互不影响，当前，IT 资源的性能已呈几何级数上升，能够满足为单一用户提供独占式资源的需求。但是，由于用户数的大量增长，为每个用户都提供独占式资源，会导致大量的资源浪费。共享技术可以提高闲置资源使用率，同时也为云服务商节约了大量成本。

尽管共享技术提供了较强的用户鉴别和权限判定机制，但在运行过程中多个用户同时操作资源仍然具有风险，因为资源隔离和用户访问控制依赖于共享的管理机制，如果这种机制在运作过程中存在漏洞，则可能为合法用户分配本不该其占有的资源，或是使恶意攻击者能够越过隔离机制非法访问到其他用户的资源。这一过程可能导致正常用户的资源被抢占云服务的可用性和服务水平下降、共享机制故障，甚至服务器被植入木马窃取敏感数据等一系列严重后果。例如，蓝色药丸 Blue Pill 是一类以管理程序身份执行的 rootkit，其目标是恶意控制资源。该程序可以工作在 AMD 虚拟化环境下，通过虚拟机管理器的漏洞来取得虚拟环境的控制权限，进而拦截所有操作系统硬件及软件间的数据交互过程。恶意程序运行于虚拟环境的底层，对所有系统中断、进程执行和 I/O 操作都具备拦截能力，因此破坏共享及访问控制机制、窃取用户数据也就非常容易。

共享技术在实现资源共享的同时又带来了新的风险。如果资源基础设施存在隔离的漏洞，当成功攻击服务器上的特定用户时，该服务器的所有资源就都向攻击者敞开了大门。在云计算环境中，虚拟化是最为广泛的共享技术，它允许多个用户（如云租户）在同一物理主机上共享数据和应用程序，从而降低各自的使用成本。然而，虚拟化技术存在多方面的安全问题，用户的关键数据有可能在不经意间落入攻击者之手。

云计算用户可以通过以下措施降低共享风险。

（1）在应用虚拟化方面实现应用程序的全生命周期安全，包括安装、配置和运行阶段，通过完善的监控和审计机制对应用程序的状态进行实时感知和检测。

（2）监控和及时处理未授权的访问行为，根据规则进行阻断记录或告警。

（3）要求云服务商采用严格的身份验证和访问控制策略，特别是关系到用户财产安全的数据存储服务、数据应用服务和统计服务等。

（4）按照 SLA 要求强制执行补丁和漏洞修复，维持整个云计算环境的安全运行。

（5）定期进行安全检查和配置核查，防范安全风险。

5. 威胁五：数据丢失或泄漏

云计算中存储的最重要的数据莫过于个，人的隐私及企业的敏感信息。隐私是指自然人自身所享有的与公众利益无关并不愿他人知悉的私人信息，隐私空间和网络生活安宁受法律保护，禁止他人非法知悉侵扰、传播或利用。网络为人们的生活带来巨大的便利同时，也为隐私权、敏感数据保护带来了挑战。网络环境的开放性、虚拟性、交互性、置名性等特点，使得通常的数据保护手段在网络环境中无能为力。云计算环境下的数据安全面临的问题具有数据安全问题的一切特征，并增加了由于云计算环境所带来的新的特点。

从资源管理的角度看，云计算的特点可以概括为动态智能、按需，即对资源合理的掌控与分配。这种资源管理模式的一项重要特征是：数据的存储和安全完全由云计算提供商负责。从提高服务质量的角度来说，这是云计算所表现出来的优点，因为云计算提供商负责可以降低企业的成本，包括一些设备费用办公场所人力资源等；而对于一些中小型企业来说，降低成本也有利于企业的发展。在服务器端，有专门的技术人员负责数据的存储、备份等工作，可以较好地保证数据信息的安全。

但是，由云计算提供商完全负责数据的存储和安全，对于隐私保护来说却存在更大的风险。如果数据存储在内网中，进行物理隔离或其他手段则可以较好地避免隐私外泄，而把数据存储在"云"中并由云计算提供商管理，对隐私保护的担忧就是理所当然的。这是因为，数字资料并不像纸质文档可以封口，电子设备也不像保险柜那样上锁后钥匙由多人保管。由于数据封装及传输协议的开放性，数字资料对于某些特权的技术人员来说可能是可见的。云计算中的隐私数字安全问题不容忽视，IDC 对 CIO 和 IT 主管的调查显示安全是云计算需要关注的主要问题，大约 75% 的人表示他们主要担心的是云计算的隐私安全问题。

数据交互需求的不断增长使数据丢失的风险逐渐加大。在用户与云计算应用程序的交互中可能发生数据传输错误、内容被非授权更改，甚至数据被删除等意外状况。为了避免数据丢失或泄漏，用户应在传输加密、完整性校验等安全手段的基础上，定期进行备份操作，以避免数据在未存档的情况下因外部原因发生存取故障，导致业务的连续性及企业的信誉受到损失。备份既可以在客户端本地进行，也可以选择在云中存放备份数据，但是根据云服务商的服务等级协议（SLA）中对应的用户级别不同，将数据发送到云端并不总是能得到定期备份的保证。此外，云中数据集中式存放的特点和云存储设施存在的安全风险（如隔离失效、后台用户操作等）也使数据易于落入恶意攻击者手中。

为了减少数据丢失和泄露的威胁，CSA 的建议如下。

（1）云服务商执行严格的 API 访问控制策略，对服务请求者的身份进行鉴别，对进出云计算环境的数据进行检查。

（2）使用加密技术保护传输中的数据，同时提供完整性校验机制。

（3）在数据的整个生命周期内进行数据保护分析，使用户明确自己数据的位置和状态。

（4）云服务商执行严格的密钥生成、存储和管理以及销毁行为，不在任何情形下以明文方式发送密钥。

（5）用户应在合同中要求提供商在数据即将存储到资源池前，进行目标介质的数据清除工作；在用户退出数据服务后，要求再次进行彻底的数据清除。

（6）云计算提供商应在合同中向用户指定备份和数据恢复策略。

6. 威胁六：账号和服务劫持

账号和服务劫持指攻击者冒用合法用户在云中的账户，盗取身份、数据等并将这些信息与其他恶意用户共享。在云计算环境中，诸如网络钓鱼、欺诈和漏洞利用等攻击方法依然有很强的攻击能力，如果再辅之以针对口令、凭证的重放攻击等高级技术手段，则破坏性和危害更大。

身份管理和访问控制是任何信息系统维持安全水平所需的基本功能。但是，云计算要求的身份管理级别更高，应实行更强的认证、授权和访问控制，使用诸如生物识别或智能卡技术进行身份供应。该机制同时应能确定用户或进程授权访问的资源类型，并对未授权实体何时访问过某种资源进行记录。

对用户进行身份认证和访问控制可以降低威胁或减少可能带来的损失。职责分离和最小权限原则是两大重要的控制概念。实现职责分离，需要两个或几个实体共同作用，在这种情况下，违反安全策略的唯一途径是实体之间相互勾结；最小权限原则意味着应该向执行任务的实体提供在最短时间内完成任务所需的最小程度的资源和权限。

此外，云用户还面临一些新的威胁。如果攻击者获得了用户凭证，他们就能偷窥用户的活动和事务、操控数据、返回虚假信息、将用户客户端重定向到非法站点等。在这种情况下，受害者的账号或服务实例甚至可能沦为攻击者的"帮凶"，攻击者能够利用它们向其他用户发起新的攻击。2011 年，黑客利用 AWS EC2 云服务来掌控变种的 Zeus bot（Zbot）僵尸网络病毒，通过云执行其命令与控制功能，非法劫持 EC2 实例，并利用 EC2 实例组成的僵尸网络执行攻击。一些云服务商为单独一名用户提供的云计算服务计算能力有限，黑客可以很容易地绕过这些限制以获得更大计算能力，做原先只能由超级计算机才能做的事情，例如，利用云计算进行密码破译。

CSA 建议通过以下手段降低账号和服务被劫持的风险。

（1）禁止用户和服务之间共享账户凭证，将用户账号与服务进行绑定，同时在身份认证时实施多因子的强鉴别机制。

（2）利用主动监控、防御技术检测未授权的活动，使用智能分析技术对用户的异常状态进行提示和告警。

（3）云服务商应使用户明确其安全策略和 SLA，避免因账号问题产生纠纷。

7.威胁七：其他安全威胁

云计算的突出优点是能有效减少企业在软硬件上的资金投入和运维投入，使企业将工作重点集中在提高自己的核心竞争力上。但是不可否认，除了前面叙述的六大威胁外，云计算还存在很多亟待解决的安全问题，这些问题尚未被辨识，作为不可知的潜在安全威胁会在云计算的发展过程中逐渐显现。

未知的风险场景使企业无法放心大胆地使用云服务，同时由于无法预测场景中的威胁目标和危害程度，云计算使用者和管理者难以采取有效的手段应对。尽管无法避免这些未知的风险，CSA 仍提出了一些建议试图使危害发生时对云的影响尽量弱化。

（1）云服务商向用户公开相应的应用程序日志和事件数据，在安全事件发生时用户能够判定风险性质并做出及时响应。

（2）云服务商向用户公开所使用云计算环境基础设施的详细信息（如物理机配置、补丁级别、防火墙部署情况等），这些信息可以作为用户评估风险的参考。

（3）对应用程序运行过程中的关键性阶段及信息输入输出过程进行全程监控，在发现违规操作时发出警报通知所有相关人员。

（三）CSA 安全控制矩阵

为规范企业在云计算使用中所遇到的安全问题，CSA 提出了安全控制矩阵，其中包含 98 项与云计算安全相关的基本控制项，帮助用户更详细地了解云计算安全概念和原则，了解其安全风险，有效应对云计算实践过程中可能出现的安全问题。

CSA 安全控制矩阵参考了 ISO 27001 COBIT、PCI、HIPAA 等云计算安全方面的规范，具有完整性、指导性，权威性的特点，可以作为云计算服务商和使用者在实施云计算计划或将业务迁移至云计算环境前的重要参考依据。

CSA 安全控制矩阵包含以下几项。

（1）控制域：控制项所在控制域（CSA 定义的 13 个云安全关键领域）的名称，以及控制项所涉及的具体内容。

（2）控制 ID：由控制域 ID 和控制项编号构成的字符串。

（3）控制规范：对控制项内容的说明和控制项作用机制的详细规范。

（4）适用的服务提供模式：对控制项适用的 SPI 服务提供模式进行选择，即控制项是否能够适应于 IaaS/PaaS/SaaS 环境。

（5）适用的范围：对控制项所适用的范围进行限定，用于云服务商和最终用户。

二、云计算的安全性评估

1. 信息安全风险评估

信息安全风险是指信息的安全属性所面临的威胁在其整个生命周期中发生的可能性，这些威胁来自由信息系统的脆弱性而引发的人为或自然的安全事件，可能导致重要的信息资产受损，从而对相关的机构造成负面影响。

信息安全风险评估指的是依据有关信息安全技术和管理标准，对信息系统及其处理、传输和存储的信息的机密性、完整性和可用性等安全属性进行评价的过程，需要评估资产面临的威胁以及利用脆弱性导致安全事件的概率，并结合安全事件所涉及的资产价值来判断安全事件一旦发生，对组织造成的影响，同时提出有针对性的防护对策和整改措施。进行信息安全风险评估，就是要防范和化解信息安全风险，或者将风险控制在可接受的水平，从而为最大限度地保障信息安全提供科学依据。

信息安全风险评估实际上是传统风险理论和方法在信息系统中的运用。信息安全风险评估主要分为以下四个阶段。

（1）评估准备阶段：包括明确评估目标、确定范围、组建团队、初步调研、沟通协商方法和方案等，这是整个评估工作得以顺利实施的关键。

（2）要素识别阶段：识别风险中的资产、威胁和脆弱性，以及已有安全控制措施的有效性等。

（3）风险分析阶段：制定合理清晰的风险等级依据，分析主要威胁场景，确定风险。

（4）汇报验收阶段：对报告进行沟通调整并完成最后评估项目的总结和验收。对于传统的信息系统，国内外已给出了很多相关标准，如 ISO/IEC 17799、ISO/IEC21827、2002GB/T18336—2001 等，形成了一些行之有效的评估办法，并开发出了一批方便实用的评测工具。

云计算中数据的处理、传输和存储都依赖于互联网和相应的云计算平台，数据流动过程对于用户来说是不可知的。因此，传统的信息安全风险评估方法在很大程度上已不再适用，云计算环境需要有一套相应的度量指标和评估方法。

2. 云计算安全风险评估

如果被评估对象没有使用云计算服务，那么其评估方法可以按照传统的评估准备、要素识别、评测和确定风险验收等做法。由于云计算更多地依赖于网络，侧重于服务，因此如果采用了云计算，数据的处理和存储都会被认为是一个服务，其安全性必然会受到网络状况和云计算平台的影响。根据 Gartner 指出的云计算安全风险，充分了解云计算的服务模式对评估云计算的信息安全风险是十分必要的。

云计算安全风险评估方法可从计算、存储和网络三个方面得出。对于计算服务，一种方式是借助统一平台实现（如 Windows Azure）；另一种是通过租赁计算设备实现（如 IBM，EC2 等）。统一平台应考虑平台的安全（考虑该平台的数据加密方式是否允许特权用户访问等），租赁计算设备则应考虑其设备的运行可靠性；对于存储服务，一般是建立分布式的存储中心，实现基于网络的高效分布式存储，为保证数据的安全应考虑数据的加密手段、数据存储的备份手段及数据存储的分散情况等；对于网络服务，主要考虑网络基础设施运营情况，是否备份多个网络接入设备，是否能满足计算和存储的需要等。

针对不同的云计算服务，结合传统的信息安全风险评估办法，基于云计算的评测分析方法可以从资产识别、威胁识别、脆弱性分析及风险评估与分析四个角度得出。

（1）资产识别：包括资产分类和资产赋值。资产分类是对所有使用云计算平台的资产进行列表，包括使用云计算的文档信息、软件信息、应用的云计算平台、云安全设施、云存储设施等；资产赋值是根据各种资产在评估信息系统里的重要程度而对资产进行赋值，它采取等级评定的方法，将资产的机密性、完整性和可用性三个安全属性各划分为五个等级，分别用 5、4、3、2、1 表示很高、高、中等、低和很低，选择三个属性中最高赋值为该资产的赋值，记为 ASi，表示第 i 个资产的赋值。

（2）威胁识别：包括威胁分类和威胁赋值。威胁分类是根据相关报道或渗透检测工具对可能存在的威胁进行分类；威胁识别是根据威胁发生的频率进行赋值，对于威胁 i，其赋值为 $ProbT\{i\}$，表示其出现的可能性。

（3）脆弱性的识别：包括脆弱性识别和脆弱性赋值。不同的云计算平台对应不同的基础架构，根据其规模、是否允许特权用户的接入、计算平台的可审查性、数据位置、数据隔离措施数据恢复措施及长期生存性等特性，识别可能引起安全事件的脆弱性；对于某一个特定的脆弱性，用 0 和 1 分别表示不存在和存在，记为 $PV\{i\}$，表示脆弱性 i 的赋值。

（4）风险评估与分析：分析威胁和脆弱性的关联关系，得到安全事件发生的可能性 $L(ProbT，PV)$。这一阶段首先是要确定受到影响的资产，再计算安全事件发生后的损失，由于损失取决于资产价值和安全事件可能出现的概率，因此可以用函数 $F[AS，L(ProbT，PV)]$ 表示，最后可以计算出风险值 $R(L，F)=L \times F$。

风险的级别是根据事件发生的可能性和造成损失的大小估计的。事件发生的可能性是指针对漏洞成功实施攻击的概率，每个事件发生的可能性和业务上的影响由参与评估的专家小组根据经验共同得出。对于那些不容易得出正确估计值的事件的可能性，则用 *N/A* 表示。很多情况下，估计值很大一部分取决于云的部署模式及组成架构。

需要注意的是，在描述风险的时候，风险必须要跟整体业务以及风险控制手段相结合，有时一定的风险可以带来更多的机会。云服务不仅使从多种设备访问数据存储更为方便，还带来一些重要的好处，如更快捷的通信和多点即时合作等。因此，对于数据安全而言，不仅要比较分析存储在不同位置的数据的风险，还要比较分析存储在自己可控范围内数据的风险。合规性也是风险评估的一个方面，例如用户在工作中需要将电子文档发送给其他人，就必须遵守存储在云中的电子文档安全规范。使用云计算的风险还必须要和使用传统信息系统的风险相比较，其对比方法类似于新旧操作系统的对比方法。风险的级别在很多时候随着云架构的不同而变化较大，同时风险还与服务的价格有关。对于云用户来说，尽管可以把一些风险转移至云服务商，但并不是所有风险都可以被转移。

欧洲网络与信息安全局（ENISA）通过深入分析云计算架构服务交付模式和存在的安全风险，结合信息系统信息安全风险评估的经验，给出了基于云计算的信息安全风险评估办法。该方法不仅可以指导云计算环境下的信息安全风险评估，而且还能丰富信息安全风险评估理论。在此基础上，安全风险评估机构能够更加深入地研究云计算的内在机制及运行模式，从而给出基于模型的定量分析和评价方法，帮助用户以不同的标准区分云服务商，选择最适合自身业务模式的云服务方案。

综上所述，云安全事件频发，就连亚马逊、谷歌、微软等技术精湛、实力雄厚的互联网龙头企业也未能幸免。云计算环境面临的主要安全威胁有Web安全漏洞、拒绝服务攻击、内部的数据泄露、滥用以及潜在的合同纠纷与法律诉讼等。CSA对云计算面临的安全威胁进行了细化，指出了云计算面临的七种安全威胁。云计算的安全评估是对安全威胁的脆弱性暴露程度进行量化，基本延续传统的信息安全风险评估方法，但应侧重于云计算的服务特性，可从云计算的计算、存储和网络三个方面，按照资产识别、威胁识别脆弱性分析及风险评估与分析的步骤进行，以评估结果为依据，用户可以在选择云服务商前根据能承受的风险进行权衡。

第三节　云计算安全体系

一、面向服务的云计算安全体系

解决云计算安全问题的有效思路是针对威胁建立完整的综合的云计算安全体系。我国著名信息安全专家冯登国教授提出了云计算安全服务体系。该体系体现了云计算面向服务的特点，包括云计算安全服务体系与云计算安全支撑体系两大部分，它们共同为实现云用户安全目标提供技术支撑。

（一）云用户安全目标

在云计算安全服务体系中，用户的一个重要需求是数据安全与隐私保护，即防止云服务商恶意泄露或出卖用户隐私数据，或者搜集和分析用户数据，挖掘出用户的深层次信息等不当行为。攻击者可以通过分析企业关键业务系统流量得出其潜在而有效的运营模式，或者根据两个企业之间的信息交互推断他们间可能存在的合作关系等。尽管对企业而言这些数据并非机密信息，然而一旦被云服务商无意泄露或出卖给企业竞争对手，就会对受害企业的运营产生较大的负面影响，甚至在市场环境中陷入被动境地。数据安全与隐私保护贯穿着用户数据生命周期中创建、存储使用共享归档、销毁等各个环节，涉及所有参与服务的各层次云服务商，数据安全也是企业用户选择云服务商的首要关注点。

云用户的另一个重要需求是安全管理与运行维护，即在不泄露其他用户隐私且不涉及云服务商商业机密的前提下，允许用户获取所需安全配置信息以及运行状态信息，并在某种程度上允许用户部署实施专用安全管理软件，从而对云计算环境中的业务执行情况进行多层次的认知和控制。

云用户的其他安全需求包括应用程序在云计算环境中的运行安全，以及获取多样化的云安全服务等。

（二）云计算安全服务体系

云计算安全服务体系由一系列云计算安全服务构成，以提供满足云用户多样化安全需求的服务平台环境。根据其所属层次的不同，云计算安全服务体系可以进一步分为云基础设施安全服务、云安全基础服务以及云安全应用服务三类。

1.云基础设施安全服务

云基础设施服务为上层云应用提供安全的计算、存储、网络等IT资源服务，是整个云计算体系安全的基石。云基础设施安全包含两层含义：一是能够抵御来自外部的恶意攻击，从容应对各类安全事件；二是向用户证明云服务商对数据与应用具备安全防护和安全控制能力。

在应对外部攻击方面，云平台应分析传统计算平台面临的安全问题，采用全面、严密的安全措施进行防范。例如，在物理层考虑计算环境安全；在存储层考虑数据加密、备份、完整性检测、灾难恢复等；在网络层考虑拒绝服务攻击，DNS 安全、IP 安全、数据传输机密性等；在系统层则涵盖虚拟机安全、补丁管理、系统用户身份管理等安全问题，而在应用层考虑程序完整性检验与漏洞管理等。

另外，云平台应向用户证明自己具备一定程度的数据隐私保护与安全控制的能力。例如，在存储服务中证明用户数据以密文保存，并能够对数据文件的完整性进行校验，在计算服务中证明用户代码在受保护的内存中运行等。由于用户在安全需求方面存在一定差异，云平台应能够提供不同等级的云基础设施安全服务，各等级间通过防护强度、运行性能或管理功能的不同体现出差异。

2. 云安全基础服务

云安全基础服务属于云基础软件服务层，为各类云应用提供信息安全服务，是支撑云应用满足用户安全目标的重要手段。其中比较典型的几类云安全基础服务如下。

（1）云用户认证服务：主要涉及用户身份的管理、注销以及身份认证过程。在云计算环境下，实现身份联合和单点登录，可以使云计算的联盟服务之间更加方便地共享用户身份信息和认证结果，减少重复认证带来的运行开销。但是，云身份联合管理过程应在保证用户数字身份隐私性的前提下进行。

（2）云授权服务：云授权服务的实现依赖于如何完善地将传统的访问控制模型（如基于角色的访问控制、基于属性的访问控制模型以及强制自主访问控制模型等）和各种授权策略语言标准（如 XACML、SAML 等）扩展后移植入云计算环境。

（3）云审计服务：由于用户缺乏安全管理与举证能力，要明确安全事故责任就需要云服务商提供必要的支持，在此情况下第三方实施的审计也具有重要的参考价值。云审计服务必须提供满足审计事件列表的所有证据以及证据的可信度说明。当然，若要在证据调查过程中避免使其他用户的信息受到影响，则需要对数据取证方法进行特殊设计。云审计服务是保证云服务商满足合规性要求的重要方式。

（4）云密码服务：云用户中普遍存在数据加、解密运算需求，云密码服务的实现依托密码基础设施进行。基础类云安全服务还包括密码运算中的密钥管理与分发、证书管理及分发等功能。云密码服务不仅简化了密码模块的设计与实施，也使得密码技术的使用更集中、规范，同时也更易于管理。

3. 云安全应用服务

云安全应用服务与用户的需求紧密结合，种类多样，是云计算在传统安全领域的主要发展方向。典型的云安全应用包括 DDoS 攻击防护服务、僵尸网络检测与监控服务、Web 安全与病毒查杀服务、防垃圾邮件服务等。由于传统网络安全技术在防御能力、响应速度、系统规模等方面存在限制，难以满足日益复杂的安全需求，云计算的优势可以极大地弥补上述不足，其提供的超大规模计算能力与海量存储能力，能大幅度提升安全事件采集、关联分析、病毒防范等方面的性能，通过构建超大规模安全事件信息处理平台，来提升全局网络的安全态势感知、分析能力。此外，还可以通过海量终端的分布式处理能力实现安全事件的统一采集，在上传到云安全中心后进行并行分析，极大地提高安全事件汇聚与实时处置能力。

（三）云计算安全支撑体系

云计算安全支撑体系为云计算安全服务体系提供了重要的技术与功能支撑，其核心包括以下几方面内容。

（1）密码基础设施：用于支撑云计算安全服务中的密码类应用，提供密钥管理、证书管理、对称/非对称加密算法、散列码算法等功能。

（2）认证基础设施：提供用户基本身份管理和联盟身份管理两大功能，

为云计算应用系统身份鉴别提供支撑，实现统一的身份创建、修改、删除、终止、激活等功能，支持多种类型的用户认证方式，实现认证体制的融合。在完成认证过程后，通过安全令牌服务签发用户身份断言，为应用系统提供身份认证服务。

（3）授权基础设施：用于支撑业务运行过程中细粒度的访问控制，实现云计算环境范围内访问控制策略的统一集中管理和实施，满足云计算应用系统灵活的授权需求，同时使安全策略能够反映高强度的安全防护，维持策略的权威性和可审计性，确保策略的完整性和不可否认性。

（4）监控基础设施：通过部署在云计算环境虚拟机、虚拟机管理器、网络关键节点的代理和检测系统，为云计算基础设施运行状态安全系统运行状态及安全事件的采集和汇总提供支撑。

（5）基础安全设备：用于为云计算环境提供基础安全防护能力的网络安全、存储安全设备，如防火墙、入侵防御系统、安全网关、存储加密模块等。

二、关键安全领域

CSA 是一个非营利性组织，在 2009 年 RSA 大会上宣布成立后备受瞩目并迅速获得了业界的广泛认可。现在，CSA 和信息系统审计与控制协会（ISACA）、开放式 Web 应用程序安全项目组（OWASP）等业界组织建立了合作关系，共同进行云计算领域安全技术的持续性研究，很多国际知名公司如 IBM、微软等都已成为其企业成员。在 CSA 发布的《云安全关键领域指南》中定义了云安全技术研究涉及的 13 个安全领域，这些安全领域从宏观上分为云的架构、云中的治理和云的运行三类。

表 6-1 列举了 CSA 给出的云安全关键领域以及这些领域关注的主要内容，下面分别对每个领域所关注的内容进行详细说明。

表 6-1 云关键安全领域及其关注内容

序号	域	关注内容
D1	云计算架构框架	云计算的基础架构和框架组成
D2	IT 治理和企业风险管理	机构治理和评测云计算带来的企业风险
D3	法律和电子证据发现	使用云计算时可能涉及的法律问题
D4	合规性和审计	如何保持和证实使用云计算时的合规性
D5	信息生命周期管理	管理云中的数据，包括与身份和云中的数据控制相关的内容
D6	可移植性和互操作性	将数据或服务从一个云服务商迁移至本地或到另一个云服务以及迁移过程中云服务间的互操作能力
D7	传统安全、业务连续性和灾难恢复	云计算如何影响当前用于实现安全性、业务连续性和灾难恢复的操作处理和规程
D8	数据中心运行	如何评估云服务商的数据中心的架构和运行状况
D9	事件响应、通知和补救	云计算使现有的事件处理程序变得复杂。如何采取适当的、充分的事件检测、响应通知和补救
D10	应用安全	保护在云中运行或即将开发的应用
D11	加密和密钥管理	恰当使用加密以及可扩充规模的密钥管理方法
D12	身份和访问管理	利用目录服务来管理身份，提供访问控制能力
D13	虚拟化	与硬件虚拟化相关的安全问题

D1：云计算架构框架。

从网络结构上讲，云计算环境由"云"和"端"组成。"端"是指用户使用的终端设备（如 PC、手机、平板计算机等），而"云"是指由服务器组成的集群，这些服务器分布在多个数据中心，每个数据中心的服务器构成巨大的局域网，服务器间通过高速网络互连，各数据中心通过 Internet 互连。

从体系结构上讲，云计算从底层到上层包括硬件层、虚拟化层、平台层、网络层、数据层和应用层，与其他计算模式相比，云计算的突出特点是增加了虚拟化层。虚拟化层的引入极大地提高了资源的部署速度和利用率，同时减少了管理工作量；服务器集群通过分布式计算保证了强大计算能力，又大大降低了成本，使云计算具有其他计算模式无法企及的性价比。

云计算的特殊架构使其具有其他计算模式不可比拟的先天优势，然而这种架构特点也给云带来相应的安全风险。服务器容易遭受病毒侵害且具有一定的宕机概率；虚拟化层中虚拟机管理器程序具有最高控制权限，一旦其被入侵，运行其上的虚拟机、虚拟应用乃至整个云计算环境就会陷入危险。因此，要从架构上保证云的安全，首先就要解决服务器集群和虚拟化层的安全。

D2：IT治理和企业风险管理。

高效的企业风险管理是企业稳定运转必须具备的能力之一，风险管理离不开信息安全治理过程。合理的信息安全治理过程使信息安全管理程序可依据业务伸缩，在企业内可重复、可测量、可持续、可防御、可持续改进，并且具有成本效益。

云计算中的治理和企业风险管理的基本问题关系到如何建立适当的组织架构、流程和控制手段，这些对于维持有效的信息安全治理、风险管理和合规性来说非常必要。企业还应确保在任何云部署模型中，都有适当的信息安全措施贯穿于信息供应链，包括云服务商、用户以及第三方服务商。

D3：法律和电子证据发现。

云计算的产生使企业和其信息之间出现了新型的动态关系，并涉及第三方：云服务商，这对信息领域中的法律诉讼问题提出了新的挑战。总体来说，云计算和传统外包服务的区别主要表现在三个方面：服务时间、服务商和服务器的所在位置。在云服务模型中，特别是在IaaS和PaaS这两种模型中，大量的设计、配置和软件开发工作实际上由云用户自行完成。

云计算相关的法律问题的完整分析应该考虑功能、司法和合同等方面的问题。

（1）功能方面主要包括云计算中的功能和服务的确定。

（2）司法方面主要包括政府管理法案和制度对于云计算服务、利益相关者和数据资产的影响。

（3）合同方面主要包括合同的结构、条件与环境，以及云计算环境中可信第三方的确定、法律诉讼和安全问题的应对办法等。

D4：合规性和审计。

随着云计算逐渐发展成为一种可行的且具有高性价比的完整系统，如何通过执行安全策略和相关法律法规来确保企业自身的合规性成为一个不小的难题，而云计算自身的特点使云计算的安全审计和评估变得更加困难。

在世界范围内，对合规性的需求使法律人士和技术专家需要更密切的配合，这一点在云计算中显得尤为突出，原因在于云特有的地理分布式环境产生了潜在的法律风险。法律界逐渐意识到信息安全管理服务是电子信息能否作为证据的关键因素，这也是传统 IT 模式的问题，由于云计算模式的广泛应用，加上法律界还缺乏与云计算相关的案例，因此云计算的合规性受到了更加强烈的关注。

目前在制定 IT 技术相关的法律法规时大多没有将云计算考虑在内，通常情况下，尽管审计者和评估者使用过云计算服务，但他们对云计算的内容仍不是非常熟悉。基于以上情况，云用户应清楚以下事项。

（1）使用特定云服务时监管法规的适用性；

（2）云服务商和用户在合规责任上的区别；

（3）云服务商为保证合规性所采取的措施。

D5：信息生命周期管理。

信息安全的主要目标之一是保护系统和应用程序的基础数据。当信息系统由传统模式向云计算模式过渡时，传统的数据安全方法会面临云模式架构的挑战。弹性、多租户、新的物理和逻辑架构以及虚拟化层的控制等云模式特点，都需要新的数据安全策略来保证。

数据安全生命周期可分为产生、存储、使用、共享、存档和销毁六个阶段。在云计算环境中确保数据生命周期安全的关键挑战如下。

（1）数据安全：主要是确保数据的保密性完整性和可用性。

（2）数据存放位置：必须保证所有的数据包括所有副本和备份存储在合同、服务等级协议和法规允许的地理位置。

（3）数据删除或持久性：数据被彻底有效地删除才被视为销毁。因此，必须有一种可用的技术，能保证全面且有效地定位数据，清除或销毁数据，并保证数据已被完全消除且无法恢复。

（4）不同用户数据的混合：不能在使用、储存或传输过程中，在没有任何控制手段的情况下，将数据尤其是敏感数据与其他用户数据混合。数据混合增大了数据安全、地理位置合规性等方面的风险。

（5）数据备份和恢复：云数据备份和恢复策略应详细且有效，防止数据丢失、意外被覆盖或破坏。

（6）数据发现：由于法律界持续关注电子证据发现，云服务商和数据拥有者需要把重点放在数据发现上，并确保法律和监管部门要求的所有数据都可被找回。这个问题在云计算环境中是极难解决的，需要管理、技术和司法手段相互配合。

（7）数据聚合和推理：数据被存放在云中时，将新增一些安全问题，例如，数据的汇总和关联分析可能会导致敏感信息泄露。因此，在实际操作中，应保证数据拥有者和数据利益相关者的利益，在数据混合和汇总的时候，避免数据泄漏，特别是对于带有敏感字段的数据与其他数据混合，两份数据存在着交叉对照字段等情况。

D6：可移植性和互操作性。

用户在选择云计算平台时，需要考虑未来有可能会更换云服务商的情况。云服务商的更换应作为云项目风险管理和安全保证的一部分，用户必须提前考虑云计算的可移植性和互操作性。尽管云计算服务具有较高的业务连续性和可用性，然而，用户可能会突然发现由于某种原因必须立刻更换云服务商。引起这种变更的主要原因如下。

（1）云服务商更改了付费条款，调整增加费用，使用户无法接受续约。

（2）由于自身或不可抗拒的原因，云服务商停止了业务运营。

（3）云服务商在没有给出合理的数据迁移计划之前，终止了用户正在使用的服务。

（4）用户无法接受云服务商的服务质量下降，比如无法满足关键运行性能要求或 SLA 协议等。

（5）在云用户和云服务商之间发生服务内容的分歧。

一些简单的架构设计可以帮助将上述问题造成的损害降至最低。然而，如何进行相互可移植的服务设计取决于云服务模型。在 SaaS 情况下，用户可以使用新软件应用代替旧软件应用，因此，关注的重点不在于应用软件的可移植性，而是应用数据的安全迁移。在 PaaS 情况下，为实现可移植性，需要在一定程度上对应用进行修改，用户关注的重点在于当保存或增加安全控制时，最大限度地降低重新实现应用的工作量，同时成功地完成数据迁移。在 IaaS 情况下，关注的重点是应用和数据是否都能够迁移至新的云服务商并顺利运行。由于缺乏可操作性方面的标准，也缺乏对此类标准的市场规范，云服务商之间的迁移可能会是一个工作量巨大的手工过程。从安全的角度看，主要的关注点是在环境变更时，维护安全策略和安全水平的一致性。

D7：传统安全、业务连续性和灾难恢复。

在传统方式下积累起来的物理安全业务连续性计划、灾难恢复等方面的大量知识和最佳实践同样适用于云计算环境。用户可以利用在传统方式下配置安全、业务连续性规划和灾难恢复等方面的相关知识和经验来审查和监测云计算服务。当前面临的挑战是如何让用户和云服务商合作以进行风险识别，使用户应用系统和云计算服务相互依存，有效整合云服务商资源，从而实现资源的高效利用。云计算及其配套的基础设施可以帮助减少某些安全风险，但也可能会增加新的安全问题，实现云计算环境从 IT 基础设施到应用系统的一体安全防护仍然任重道远。

D8：数据中心运行。

随着业务和应用迁移到云计算环境，云服务商的数量在不断增长，云数据中心数量也随之增长，所有类型和规模的云服务供商包括知名大公司和新兴成长型公司，都在这一充满希望的新 IT 服务交付形式上投入巨资。

通过 IT 资源共享来创造效率和规模效益并不是一个新概念。如果想充分利用数据中心的资源来赚取更多利润，云商业模式就是一个很好的选择。传统的数据中心架构在设计上会为周期性的负载高峰考虑资源余量，而在正常或低水位时，数据中心的资源往往不能被充分利用而闲置很长一段时间。与之对应的是，云服务商为了在竞争中处于优势，能够通过人力和技术手段相结合的方式最大限度地提高运营利润率，实现资源的优化使用。

云服务用户面临的挑战之一是如何评估云服务商，对其是否有能力在提供可靠的和有成本效益的服务的同时，又能保护客户数据和运行安全进行有效判断。但作为云服务商而言，他们也许并不会从用户的立场出发，而是重点考虑其最关注的领域。由于云计算作为一种基本的云服务商与用户的服务交付形式，云服务商和用户的地位是不对等的，当用户因各种原因执行违反合同协定的操作时，云服务商可以随时切断用户与云计算环境的连接，或者限制其继续访问的能力。

用户在决定将部分或所有业务转移到云中时，首先必须了解云服务商实现云计算的五大关键特征的范围和程度；其次是云服务的技术架构和基础设施是否对服务等级协议 SLA 造成影响，以及云服务商解决安全问题的能力水平。云服务商可能将 IT 产品和其他云服务的组合形成一套解决方案，例如在运行中嵌入了其他云服务商的 IaaS 存储服务等。在使用这类"复合式"云服务之前，用户应当了解所有云服务商是否执行一致的安全策略，以及在故障发生时如何履行责任追究程序。

不同云服务商的技术架构和基础设施可能会有所不同，但是为了符合安全要求，他们都必须能够实现系统、数据、网络、管理、部署和人员方面的全方位相互隔离。为了不互相干扰，需要适当整合每一层基础设施的控制隔离措施。例如，检查存储的划分和隔离是否完善，被攻击者能否通过管理工具或弱密钥管理机制轻易地绕过等。最后，用户应了解云服务商如何进行资源动态分配，以便在应用系统在线运行的正常起伏波动过程中预测系统的可用性和性能。

D9：事件响应、通知和补救。

当云计算环境中发生网络渗透、数据破坏等安全事件时，确定攻击者十分困难，这主要是由云计算本身的特点决定的。为此，建立适合云计算环境的安全事件响应机制非常有必要。

对于用户来说，部署到云计算环境中的应用程序有时侧重于运行性能的保证，而没有将完整性和安全性放在第一位，这可能导致存在漏洞的应用程序被部署到云中，带来安全隐患。此外，云计算基础设施架构的缺陷、加固过程中引入的错误和管理员简单的操作疏忽都会对云服务的运营构成重大威胁。

紧急事件的处理过程需要专业的技术人员，但隐私和法律专家同样也非常重要，他们会在通知、补救和可能采取的法律行动等事件响应流程中发挥关键作用。如果企业考虑使用云服务，那么在部署前需要明确是否在云计算环境中已建立起针对特权用户的数据访问机制，这些特权用户（如事件处理人员、法律专家、仲裁机构人员等）不受有关用户协议和隐私政策的制约，因此也具备较高的风险等级。在 IaaS 和 PaaS 架构中，云服务商不负责管理应用程序数据，这和 SaaS 提供商的应用程序对数据进行控制有所不同。

大型云服务商所提供的 SaaS、PaaS 和 IaaS 服务的复杂性使得重大事件的响应过程容易出现安全隐患，潜在用户必须对不同云服务商 SLA 的接受水平进行评估。在评估云服务商时，很重要的一点是要意识到有些云服务商的平台可能已经运行成百上千的应用程序实例，在对系统实时性和可靠性要求较高的场合下可能会导致服务质量降低。从事件监测的角度讲，任何外部应用程序的加入都会拓宽云计算安全运行中心的责任范围，由于入侵检测系统和防火墙会在运行中产生预警信息和其他安全指标信息，云计算环境的开放性将导致产生安全事件的数量呈指数级增长。

用户需要了解所选择云服务商的事件响应策略。事件响应策略应包含异常活动的识别方法、事件的通知方法和针对应用程序数据的未经授权访问的补救方法。在云计算环境中，数据可能有不同的存放位置，对应用数据的管理和访问也有不同的监管要求，这使得异常活动识别充满挑战。

D10：应用安全。

云的灵活性、开放性和公共可用性，给应用系统的安全运行带来了许多风险，例如，在应用程序的设计、运维到最终退出的整个生命周期中，云计算对其安全性产生的影响。对所有参与者包括应用程序的设计人员、安全专业人员和运维人员以及技术管理者而言，降低云计算应用程序的风险并提供可靠的安全保护都是必要的。无论是 SaaS 还是 PaaS 和 IaaS，应用安全都是一个不小的挑战。

基于云计算的应用软件需要包括深入的前期分析，而且要经过严格设计，这种设计与部署与非军事化区（DMZ）的应用程序设计类似，同时在确保信息的机密性完整性、可用性等安全属性需求方面与传统模式是一致的。在云计算环境中，应用程序安全受以下因素的影响。

（1）应用安全架构：大多数应用程序会与其他系统形成依赖关系。在云计算环境中，应用程序的依赖关系是动态的，甚至每个依赖关系都可能包含一个独立的第三方服务商，云的特性使得配置管理比传统的应用程序配置更为复杂。

（2）软件开发生命周期（SDLC）：云计算影响 SDLC 的各个方面，涵盖应用程序的体系结构、设计、开发。质量保证、文档、部署、管理、维护和退役等环节。

（3）合规性：合规性要求会影响数据，而且也会影响应用程序（如应如何实现程序中的一个特定加密函数）、平台（如对操作系统进行控制和配置命令）和进程（例如，对安全事件的报告要求）。

（4）工具和服务：在开发和维护运行应用程序所需的工具和服务方面，

云计算带来了一系列新挑战，其中包括开发和测试工具、应用程序管理工具、对外服务的耦合，以及操作系统和数据库服务的依赖性等。尽管这些问题大部分都源自云服务商。然而，云服务商和用户都必须了解谁提供、谁拥有、谁运行和谁承担相关责任的原则。

（5）脆弱性：不仅包括 Web 应用的脆弱性，还包括面向服务架构（SOA）的应用程序的脆弱性，这些 SOA 应用正不断地被部署进云中，对其脆弱性的忽视将带来极大的安全隐患。

D11：加密和密钥管理。

云用户和云服务商需要避免数据丢失和泄露。如今，无论是个人数据还是企业数据，安全专家都强烈建议进行加密处理，在有些国家和地区甚至有法律法规的强制要求。云用户希望他们的云服务商为其进行数据加密操作，以确保无论将数据存储在哪里都能受到保护。从合规性角度来看，云服务商也需要为用户的敏感信息（如账号、医疗信息、银行信息等）提供保护。

强制加密和密钥管理是云计算系统用以保护数据的一种核心机制。加密提供了资源保护功能，而密钥管理则提供了对受保护资源密钥数据的具体管理手段。

1.机密性和完整性

云计算环境为多个租户共享，云服务商对这个环境中的数据具有特许存取权。因此云计算环境中存储的机密数据必须通过访问控制组合（见 D12）、合同责任（见 D2、D3、D4）、加密措施等进行保护。加密提供的优点包括降低与云服务商防护能力强弱的关联度、减少对运行错误检测的依赖性等方面。主要的数据加密方式包括以下几个方面：

（1）加密网络传输中的数据：对网络中传输的敏感数据（如信用卡号、密码、私钥等）进行加密极其重要。虽然构成云计算环境的内部网络可能比开放网络安全，但是在云中驻留着大量的租户，这些租户隶属于不同的企业，不排除企业内的恶意租户由于自身利益或其他动机对属于其他用户的数据发起攻击，因此，在云计算环境中，对传输中的敏感数据进行保护和完整性校验也是非常必要的。

（2）加密静态数据：加密磁盘上的数据或数据库中的静态数据至关重要，可以防止恶意的云服务商、恶意的邻居租户和某些其他应用对用户数据的窥视和滥用。对于长期的档案存储来说，一些用户加密他们自己的数据，然后发送密文至云数据存储，密钥由用户控制并保存，并在需要的情况下解密数据。在 IaaS 环境中，使用第三方工具加密静态数据较为普遍；在 PaaS 环境中，加密静态数据的技术手段通常较为复杂，需要云服务商提供或专门定制软硬件设备；在 SaaS 环境中，云用户无法直接加密静态数据，需要向云服务商提出请求，由云服务商对数据进行加密，而用户无法证实云服务商确实使用了加密手段。

（3）加密备份介质中的数据：加密备份介质中的数据可以防止对丢失或被窃介质的滥用。理想的情况是云服务商以透明模式实施备份加密，但是作为用户和数据提供者，验证是否存在这种加密方式是用户自己的责任。

除了上面提到的常见的数据加密方式外，针对云服务商可能遭受的特殊攻击，也可以采用动态数据加密方式，包括内存数据加密、临时存储读／写区域加密等。

2. 密钥管理

现有的云服务商可以提供基础密钥管理方案来保护基于云计算的应用开发和服务，或者向用户提供可选的增强式密钥管理方案，用户可以自行决定选择哪种方案。然而，在提高密钥管理方案的健壮性方面，云服务商还有很多工作要做。当前针对云计算环境的密钥管理标准正在制定之中，健壮性是决定密钥管理方案能否成为标准的重要指标之一。目前，云计算面临许多与密钥管理有关的问题和挑战。

（1）密钥存储保护：与其他敏感数据相比，密钥必须得到一致甚至更强的保护。在存储、传输和备份中必须对密钥严加保护，不当的密钥存储方式可能危及所有加密数据的安全。

（2）密钥存储访问：应确保只有具有合适权限的特定实体才能访问存储的密钥。另外，还需要采取相关策略来实现密钥存储的管理机制，例如，使用角色分离进行访问控制，规定密钥使用实体不能是存储该密钥的实体等。

（3）密钥备份和恢复：丢失密钥无疑意味着丢失了这些密钥所保护的数据。意外丢失保护关键任务数据的密钥可能会业务造成毁灭性的影响，因此，安全的密钥备份和恢复策略至关重要。

D12：身份和访问管理。

身份与访问管理一直是信息系统面临的棘手难题。尽管在没有良好的身份与访问管理服务情况下用户照样可以使用云计算服务，但从长远来看，将身份管理服务延伸到云计算中却是非常重要的。由于云计算在很多方面尚不够成熟，因此对于用户而言，在使用云服务之前，必须充分了解云服务商的服务能力、实事求是地评价其身份与访问管理手段。

账户创建/撤销、认证、身份联合、授权和用户配置文件管理是云身份与访问管理重点关注的几个方面。

（1）账户创建/撤销：云身份与访问管理首先要解决的是账户的创建/撤销问题。解决该问题主要有两条途径：一是由使用云服务的用户来负责账户的创建/撤销；二是由用户委托专门的身份管理服务商来负责账户的创建/撤销。

（2）认证：对于准备使用云服务的用户而言，云服务商是否能提供简单可信的认证方式至关重要。用户必须解决云计算环境下与身份认证有关的挑战，如凭证管理、强认证委托身份认证跨云信任管理等。

（3）身份联合：在云计算环境中，身份联合使用户能够利用其特定的身份管理服务商来认证用户身份。身份管理服务商与云服务商以安全的方式进行身份属性的交换。

（4）授权和用户配置文件管理：授权和用户配置文件主要基于用户类型

进行管理。用户可分为单位用户和个人用户，而单位用户又包括内部用户和外部用户。

D13：虚拟化。

在云计算环境中，计算存储、网络等资源的快速部署和充分利用的优势应归功于基础设施、平台和软件的虚拟化。然而，虚拟化也带来了不少新的安全问题。虚拟化技术有许多种，最常见的是操作系统虚拟化。如果云计算基础设施采用了虚拟机技术，则必须要考虑虚拟机间的隔离加固和虚拟操作系统的安全。虚拟操作系统的安全现状是：大多数安全保护进程都未能随系统载入，因此确保虚拟操作系统安全仍然是虚拟化环境重点关注的问题。虚拟化技术本身引入了虚拟机管理器和其他管理模块，这些新的层面和模块无疑会成为新的攻击对象；在同一台物理机中，虚拟机间通过硬件背板而不是网络进行通信，因此，这些通信流量对传统的网络安全防护设备来说是不可见的，传统防护系统无法采用实施监测，通信控制等安全措施，因此必须研发能与虚拟化环境安全防护相适应的新防护系统；在集中式服务提供和数据存储环境中，必须关注数据隔离；从理论上讲，云计算环境提供的集中式数据存储比分布式存储更安全，然而这种方式也集中了安全风险，使一次成功入侵带来的后果更加严重；还有一个问题是不同敏感度和安全等级要求的虚拟机如何共存：正如木桶原理所描述的那样，在云计算环境中，实施最低限度安全保护的租户的安全级别会成为多租户虚拟环境中所有租户共享的安全级别。为了解决该问题，需要设计一种全新的安全架构，使租户的安全保护等级不会因为共处于同一环境中而相互关联。

综上所述，要对云计算实施有效保护，首先要深入理解云服务商和用户的安全需求，提出符合云计算自身特点的安全架构模型和安全服务体系。在架构模型方面，本章从应用程序、信息、管理、网络、可信计算、计算 / 存储和硬件方面分析说明了云安全面临的主要挑战和相关对策，指出云安全关注的重点领域是基础设施安全、数据安全、应用安全和安全管理。在服务体系方面，从基础设施服务、基本服务和应用服务的角度划分了不同安全功能的实现层次。

第四节　云计算基础设施安全

一、基础设施物理安全

云计算模式的成功依赖于强大可靠的虚拟化和分布式计算技术，其依赖于由计算、存储、网络等设备所构成的物理层。云计算基础设施包括从用户桌面到云服务器的实际链路中的所有相关设备，云计算只有实现了基础设施在物理层面的安全要素才能保证全天候的可靠性。在云计算环境的物理安全中，根据威胁种类可以分为自然威胁、运行威胁和人员威胁等。本节从这几方面阐述物理安全风险及相应的防护方法。

（一）自然威胁

自然威胁是指由自然界中的不可抗力所造成的设备损毁链路故障等使云计算服务部分或完全中断的情况。例如，某些地方会遭到地震、龙卷风袭击、火山爆发、泥石流等灾难性事件。自然威胁的显著特点是会给云计算基础设施带来重大损坏，伴随着用户数据、配置文件的丢失，使应用系统在相当长的时间内难以恢复正常运行。

自然威胁尽管难以预见，但也可以通过一些手段尽量避免或减弱其影响。首先，在云计算中心选址时就考虑地震、洪水等因素，选择地势较高、地质条件较好的地区，并对建筑结构、抗震等级作出一定的要求。其次，云计算中心应具有恶劣天气和极端情况下的防护能力，如妥善考虑避雷、暴雨低温、高温高湿等。最后，根据需要对云计算通信链路采取防护措施，如加固深埋处理等。云计算服务对自然威胁的承受能力不仅可以通过物理手段加固，还可以通过技术和逻辑手段实现，如在不同地点建立多个备份和处理中心以保证业务的连续性等。

（二）运行威胁

运行威胁是指云计算基础设施在运行过程中，由间接或自身原因导致的安全问题，如能源供应、冷却除尘、设备损耗等。运行威胁尽管没有自然威胁造成的破坏性严重，但如果缺乏良好的应对手段，仍会产生灾难性后果，使云服务性能下降、应用中断和数据丢失，因此云计算在实施前必须考虑运行风险，并施加相应的防护措施，在基础设施层面确保云计算所需的各类资源安全，为上层应用的可靠运行提供基本保障。

（1）能源安全：云计算基础设施所需的能源必须得到保障，其中最重要的是电力。电力是所有电子设备运行的必备条件，云计算环境中的各类集群规模和业务负载对电力供应有不同的要求。根据具体设备的运行特点配备相应的紧急电源和不间断电源系统，保证在意外断电情况下云计算基础设施的正常运行。应急电源包括发电机和一些必要的装置，可以在紧急情况下向云计算环境关键区域提供必要的电力能源。不间断电源包括蓄电池和检测设备等，断电时自身设备可以立即向云计算环境供电，使系统不会因电力缺乏而中断。不间断电源的容量有限，其持续时间较短，一般只能维持到紧急电源系统启动时为止，因此必须立即进行修复工作以避免不间断电源耗尽时基础设施和业务应用受到损害。

（2）冷却除尘：由于服务器容量和集成度非常高，云计算环境具有较大能耗，其发热密度大，热负荷全年保持高水平，一般制冷系统的电力消耗占整个云计算环境的 40% 左右。适用于云计算环境中的空调需要具备全时高效稳定的制冷能力，在保持室内温湿度均匀、较小波动的条件下尽量提高能效比，优化电力的利用率，使云基础硬件在较为理想的环境中运行，杜绝由热量累积导致的宕机、性能下降等安全问题。此外，云计算环境尽量保持空间封闭，在室内实现一定的净化除尘功能，提高冷却系统运行效率，降低因灰尘因素造成机箱内部潜在的安全隐患。

（3）设备损耗：在任何信息系统的运行中都必须考虑设备的损耗，构成云基础设施的硬件均有一定时间的使用年限，并且在年限到期前就可能发生故障。长期处于高负荷运行状态下的磁盘阵列一般比内存和 CPU 更易损坏，因此需要经常对磁盘等存储介质进行分布式冗余处理，使损坏的磁盘不超过一定比例，从而保持完整的数据恢复能力。其他基础设施硬件也需要有常用备件，紧急场合下可以直接替换，将业务中断造成的影响降到最低。

（三）人员威胁

人员威胁是云服务商内部或外部人员参与的，由于无意或故意的行为对云计算环境造成的安全威胁。人员威胁与物理和运行威胁的区别在于人员造成的破坏可能不易被发现，其效果也不会马上显现，但其影响会一直存在并成为系统的安全隐患。人员威胁包括员工误操作、物理临近安全、社会工程学攻击等。

（1）员工误操作：云服务商内部合法员工在云日常管理中也可能因为不熟悉操作方法而导致功能误用，使云服务商或用户数据受到损害。尽量减少员工误操作的有效方法是对员工进行针对性的技术培训，形成责任人制度，明确自己的每一步操作会产生怎样的影响及后果。在不确定时咨询或查阅技术手册予以解决问题，而不是采用试探性的操作行为。

（2）物理临近安全：物理临近安全确保云计算基础设施的部署场所不受人员恶意操作或配置影响，可以采用传统的物理临近控制方法，如门禁、视频监控、各类锁等，另外配备安全警卫也是可以采取的有效策略。安全警卫的存在对于云计算运行场所内的偷盗破坏和其他的非法或未经授权的行为具有威慑作用，同时他们还可以协助对进出云数据中心的人员进行管理。在无人值守的情况下应使用视频进行 24 小时不间断监控，摄像机一般安装在房间的主要位置，以便提供被摄场所及关键设备的全景录像。

（3）社会工程学攻击:社会工程学是利用受害人员的心理弱点、本能反应、信任、贪婪等心理陷阱实施欺骗套取信息等攻击手段达到自身目的。它是近年来对信息系统入侵成功率较高的手段，因此，越来越多的攻击者在使用其他手段前往往会尝试使用社会工程学对系统进行试探性攻击。社会工程学需要搜集大量对方信息，在取得对方信任后请求执行相应操作，如重置密码搜集用户信息、了解系统运行状况等。受害者往往以为攻击者确实具有所声明的身份，因此在毫无戒备情况下进行了实质上的非法、越权操作，所导致的后果一般较为严重，信息的泄漏或系统的破坏会给企业造成难以估量的损失。防范社会工程学攻击主要在于加强对员工的培训和教育，同时严格执行安全管理策略，保守企业秘密，禁止违规泄露敏感信息，在进行敏感操作必须核实对方的身份。

二、基础设施边界安全

任何信息系统（包括云计算环境在内）都可以看作是一个包括复杂数据交互的整体，通过组成部件的基本属性维持内部业务的正常运转。云数据中心在地理位置上是公开的、易于访问的，但外界对云计算的访问并不完全都是正常的服务请求，攻击者的行为可能混杂在正常业务流量中试图深入云计算环境内部。尽管云具有无边界化、分布式的特性，但就每一个云数据中心而言，其服务器仍然是局部规模化集中部署的。通过对每个云数据中心分别进行安全防护，来实现云计算基础设施的边界安全，并在云计算服务的关键节点如服务入口处实施重点防护，实现局部到整体的严密联防，杜绝恶意攻击者对云计算环境的渗透和破坏。

云计算基础设施边界防护与传统信息系统边界安全防护思路是相似的：控制云服务访问者的唯一通道，在网络协议不同层面设置安全关卡，建立较低安全等级的非军事化区（DMZ），对不同用途、架构的应用进行安全隔离，在云关键网络结点架设安全监控体系等。边界防护措施对进入云计算环境的每位用户进行跟踪，实施行为审计，以便及时检测、发现异常和攻击行为，对 DDoS 攻击等威胁进行实时阻断，确保云服务的可用性维持在较高水平。云计算应从以下几个主要方面实施边界防护。

（1）接入安全：确保连接至云计算环境的用户都是合法用户，可以在应用层通过认证方式实现，也可以在网络、传输层中实现。根据用户 IP 地址、协议，依据策略执行的连接控制，如禁止指定地区的用户使用服务，或对已经记录在黑名单中的用户地址实施访问控制等。

（2）网络安全：提供网络攻击防范能力，防止针对云计算环境中的关键结点发起的攻击。由于网络协议的开放特性，引入了较多的安全风险，例如，常见的 IP 地址窃取、仿冒、网络端口扫描、拒绝服务攻击等，这些网络攻击会对云计算环境造成较大的安全威胁，可以通过部署应用层防火墙、入侵检测和防御设备以及流量清洗设备来解决。

（3）网间隔离安全：在云计算环境的网络内部，按照业务需求进行区域分割，并对不同区域间的流量进行监管，把可能的安全风险限制在可控区域内防止其扩散，同时也可以起到不同安全等级数据隔离防护的目的。网间隔离安全的实施一般通过隔离网关实现，但也应考虑到隔离手段必须能够适应云计算的虚拟化环境。经过多年的研发和推广，市场上的边界防护设备名目繁多、功能不一，但其核心仍然是基于防护（Protection）—检测（Detection）—响应（Reaction）—恢复（Recovery）的 PDRR 流程，通过安全审计及访问控制实现攻击的感知和阻断。目前，业界正在进行下一代防火墙、下一代入侵防御设备和高速应用层隔离网关等的研发工作。云安全防护设备的发展应着眼于适应云计算的大容量交换性能、高端口密度特点和复杂的安全防护策略要求等特征，进一步推进网络和安全的融合，兼容多种技术架构，支撑分布式、ASIC、物联网等前沿应用模式，共同为云计算打造量身定制的安全解决方案。

三、基础设施虚拟化安全

虚拟化作为云计算的核心支撑技术被广泛应用于公有云、私有云和各类混合云中，是云计算源源不断"动力"输出的保证。但是，虚拟化环境暴露出的弱点容易被利用，从而导致安全风险，为了保证虚拟化充分发挥其底层支撑作用，非常有必要研究基础设施虚拟化技术及其安全防护措施。

（一）虚拟化技术

虚拟化是对计算机硬件资源抽象综合的转换过程，在转换中资源自身没有发生变化，但使用和管理方式却显著简化了。换句话说，虚拟化为计算资源、存储资源、网络资源以及其他资源提供了一个逻辑视图，而不是物理视图。云计算中虚拟化的目的是对底层 IT 基础设施进行逻辑化抽象，从而简化云计算环境中资源的访问和管理过程。

虚拟化提供的典型能力包括屏蔽物理硬件的复杂性，增加或集成新功能，仿真整合或分解现有的服务功能等。虚拟化是作用在物理资源的硬件实体之上，按照应用系统的使用需求，可以实现多对一的虚拟化（例如，将多个资源抽象为单个资源以利于使用），一对多的虚拟化（例如，将 I/O 设备抽象为多个并分配至每一虚拟机上），或是多对多的虚拟化（例如，将多台物理服务虚拟为一台逻辑服务器，然后再将其划分为多个虚拟环境）。

虚拟化作为云计算的关键技术，在提高云基础设施使用效率的同时，也带来了许多新问题，其中最大的问题就是虚拟化使许多传统安全防护手段不再有效。从技术层面讲，云计算环境与传统 IT 环境最大的区别在于其计算环境、存储环境、网络环境是"虚拟"的，也正是这一特点导致安全问题变得异常棘手。第一，虚拟化的计算方式使应用进程间的相互影响变得更加难以控制；第二，虚拟化的存储方式使数据隔离与彻底清除变得难以实施；第三，虚拟化的网络结构使传统分域式防护变得难以实现；第四，虚拟化服务提供模式也增加了身份管理和访问控制的复杂性。由于虚拟化安全问题实际上反映了云计算在基础设施层面的大部分安全问题，因此虚拟化安全的解决将为云计算提供坚定而可靠的基础。

从虚拟化的实现对象看，存储、服务器和网络的虚拟化面临的威胁各有不同，下面将从存储虚拟化、服务器虚拟化、网络虚拟化三方面研究云基础设施的虚拟化安全。

（二）存储虚拟化安全

云计算中的数据存储主要依赖存储虚拟化技术实现，因此，基于虚拟化资源池的低成本云存储已成为未来存储技术的发展趋势。从技术发展角度看，未来云存储将在标准规范、数据安全保障和云存储客户端等方面得到进一步完善。云存储凭借其在成本控制、管理等方面的优势，与现有各类数据应用相结合，从而进一步丰富存储即服务的商业模式，为最终用户提供反应迅速、弹性共享和成本低廉的存储方案。

1.存储虚拟化技术

随着信息技术的不断发展，存储系统也相应成了云计算环境的重要组成部分。大量的终端用户、应用软件开发商等使用云服务商提供的各种云计算服务：一方面直接导致存储容量需求的猛增；另一方面业务并发量的持续攀升对数据访问性能、数据传输性能、数据管理能力存储扩展能力提出了越来越高的要求。存储系统的综合性能将直接影响整个云计算环境的性能水平。各大存储厂商积极推动存储系统的发展和演化，持续投入大量资源对最大限度发挥存储系统效率的理论及技术进行研究，并对存储系统进行优化。

存储虚拟化作为此类研究的重要成果之一，可以显著提高存储系统的运行效率和可用性，其目标是通过集成一个或多个存储设备，以统一的方式向用户提供存储服务。存储虚拟化为物理存储资源（通常为磁盘阵列上的逻辑单元号）提供一个逻辑抽象，从而将所有的存储资源集合起来形成一个存储资源池，对外呈现为地址连续的虚拟卷，从而兼容下层存储系统之间的异构差异，为上层应用提供同样的存储资源服务。存储虚拟化可以广泛地应用于文件系统、文件、块、主机、网络、存储设备等多个层面。

存储虚拟化的优势在于：第一，能够实现不同的或孤立的存储资源的集中供应和分配，而无须考虑其物理位置；第二，能够打破存储设备厂商之间的界线，集成不同厂商的存储设备，为统一应用目标服务；第三，可以应用于多种厂商的多种类型的存储设备，适应性强，具有较好的经济性。早在2002年，存储资源虚拟化就被国内外一些 IT 媒体列为最值得关注的技术之一，时至今日，更是成为 HP、IBM，Oracle、浪潮、华为等存储软硬件厂商重点关注、研发的技术，在文件系统、磁带库、服务器和磁盘阵列控制器等的设计和实现中都发挥着巨大作用。

存储虚拟化的实现方式一般分为三种：基于主机的虚拟存储、基于存储设备的虚拟存储和基于网络的虚拟存储。

（1）基于主机的虚拟存储。基于主机的虚拟存储一般通过运行存储管理软件实现，常见的管理软件是逻辑卷管理（LVM）软件。逻辑卷，一般也会用来指代虚拟磁盘，实质是通过逻辑单元号（LUN）在若干物理磁盘上建立起逻辑关系。逻辑单元号是一个基于小型计算机系统接口（SCSI）的标志符，用于区分磁盘或磁盘阵列上的逻辑单元。在基于主机的虚拟存储中，管理软件要向云计算系统输出一个单独的虚拟存储设备（或者说一个虚拟存储池）。事实上，虚拟存储设备的后台是由若干个独立存储设备组成的，但从云计算系统角度来看好像是一个有机整体。

通过这种模式，用户不需要直接控制管理这些独立的物理存储设备。当存储空间不够时，管理软件会为虚拟机从空闲磁盘空间中映像出更多的空间。对虚拟机而言，它所使用的虚拟存储设备空间好像在随需求动态增加，因而不会影响应用程序使用。由此可见，基于主机的虚拟化可以使虚拟机在存储空间调整过程中保持在线状态。其缺点是，基于主机的存储虚拟化是通过软件完成的，主机同时作为计算设备和存储设备，因此会消耗主机 CPU 的运行时间，容易造成主机的性能瓶颈，同时，在每个主机上都需要单独安装存储虚拟化软件，从某种意义上也就降低了系统可靠性。

（2）基于存储设备的虚拟存储。虚拟化技术也可以在存储设备或存储系统内实现。例如，磁盘阵列就是通过磁盘阵列内部的控制系统实现虚拟的，同时也可以在多个磁盘阵列间构建存储资源池。这种基于存储设备的存储虚拟化能够通过特定算法或者映射表将逻辑存储单元映射到物理设备上，最终对于每个应用来说都在使用专属的存储设备。根据不同的方案设计，RAID、镜像、盘到盘的复制以及基于时间的快照都可以采用此类虚拟存储，同时也可以在存储系统中实现虚拟磁带库和虚拟光盘库等。

基于存储设备的存储虚拟化可以将存储和主机分离，不会过多占用主机资源，从而可以使主机将资源有效地运用在应用服务上。但是，基于存储设备的存储虚拟化难以实现存储和主机的一体化管理，且对后台硬件的兼容性要求很高，需要参数相互匹配，因此在存储设备升级和扩容过程中将受到某些限制。

（3）基于网络的虚拟存储。基于网络的虚拟存储是当前存储产业的一个发展方向。与基于主机和存储设备的虚拟化不同，基于网络的存储虚拟化是在网络内部完成的，这个网络就是存储区域网络（SAN）。基于网络的虚拟存储可以在交换机、路由器、存储服务器上实现具体的虚拟化功能，同时也支持带内（In-band）或带外（Out-of-band）虚拟方式。

所谓带内虚拟方式，也称对称（Symmetric）虚拟方式，是在应用服务器和存储数据通路内实现的存储虚拟化，目前大部分产品采用的都是带内虚拟。一般情况下，存储服务器上运行的虚拟化软件允许元数据（Metadata）和需要存储的实际数据在相同数据通路内传递。由存储服务器接受来自主机的数据请求，然后存储服务器在后台存储设备中搜索数据（被请求的数据可能分布于多个存储设备中），找到数据后，存储服务器将数据再发送给主机，完成一次完整的请求响应。在用户看来，带内虚拟存储好像是附属在主机上的一个存储设备（或子系统）。

带内虚拟存储具有很强的协同工作能力，可以通过集中的管理界面进行控制，同时，带内虚拟可以保障系统的安全性。例如，攻击 SAN 存储的黑客很难有效访问存储系统，除非得到了和主机一样的卷访问手段。但是，对服务器层面而言，带内存储容易产生性能瓶颈。尽管许多厂商在存储设备中加入了缓存机制以缩小延迟，但是响应时间依旧是部署带内虚拟存储时需要考虑的一个重要因素。

所谓带外虚拟，又称非对称（Asymmetric）虚拟方式，是在数据通路外的存储服务器上实现的存储虚拟化。元数据和存储数据在不同的数据通路上传输，一般情况下，元数据存放在使用单独通路与应用服务器连接的存储服务器上，而存储数据在另外的通路中传输（或者直接通过存储网络在服务器和存储设备间传输）。带外虚拟存储减少了网络中的数据流量，但是一般需要在主机上安装客户端软件，因此容易受到黑客攻击。一些厂商认为在交换机、路由器等网络设备的固件或软件中实现带外存储虚拟化技术，虽然还处于起步阶段，但未来很有可能替代目前的基于存储设备的虚拟技术。基于交换机或路由器的存储虚拟化技术的基本思想是将存储虚拟化功能尽量转移到网络层来实现，使得交换机和路由器处于主机和存储网络的数据通路上，可以在中途检测和处理主机发往存储系统的指令。其优势在于不需要在主机上安装任何代理软件，交换设备潜在的处理能力相比传统模式能提供更强的性能，同时，还能保证安全性，对外界的攻击有更强的防护能力。然而，该技术的劣势在于单个交换机和路由器容易成为整个存储系统的瓶颈和故障点。

2. 安全防护措施

云计算环境中存储虚拟化的安全重点关注数据的隔离和安全，一般使用数据加密和访问控制实现。用户在访问虚拟化存储设备前，虚拟化控制器首先检查请求的发出者是否具有相应的权限，以及访问地址是否在应用程序的许可范围内；审核通过后，用户就可以读取存储信息，并在数据传输中通过数据加密手段来保证数据安全。

下面分别对数据加密存储和数据访问控制进行详细介绍。

（1）数据加密存储。存储加密采用的技术手段主要有：数据库级加密、文件级加密、设备级加密等。目前已经有多家厂商致力于存储加密标准的制定和推广，希望存储加密工具更易于使用，并且能够实现多种存储架构的协同工作。厂商们在存储安全上进行了大量研发投入，推出了多款支持存储加密功能的存储设备，例如，EMC 公司通过多种安全手段保护存储在磁盘阵列上数据的安全。除了厂商们不遗余力地推广数据加密的各项保护措施之外，还有一些标准组织也参与到存储加密标准的制定工作中。

NIST 定义了 AES 的五种操作模式，每种模式都有自身的特性。这五种模式是：电子密码本（ECB）、密码分组链接（CBC）、密码反馈（FCB）、输出反馈（OFB）和计数器（CTR）。ECB 模式擅长于载荷长度是密钥长度整数倍的信元加解密，但是由于 SAN 中数据长度并不都是密钥长度的整数倍，而且 ECB 模式的抗攻击性不是很好，因此，大多数应用都不采用 ECB 模式。在高速网络中，相对 AES 的其他四种运行模式，AES-CTR 凭借其性能优势，成为最常用的 AES 操作模式。

（2）数据访问控制。早期的计算机系统没有对访问存储资源的用户进行任何操作权限限制。但是随着计算机可用资源的不断丰富，用户不需要也不应该具备对所有资源的访问权限，这就需要引用访问控制对资源使用进行管理。访问控制的基本任务是在对主体进行识别和认证的基础上，判断是否允许主体访问客体，并以此限制主体对客体的访问能力。由于所有的安全控制最终目的是实现对资源的安全使用，所访问控制策略便成为安全协议中的核心。

在访问控制的实现过程中，需要明确以下概念。

① 资源：需要纳入安全管理的对象，可以是物理实体，也可以是逻辑对象，如告警数据、性能数据等。

② 操作：一组命令的集合，如访问更新、加入、检查和删除等。

③ 权限：用户在系统中进行任何一个操作，对资源的任何一种访问都会受到系统的限制，用户对特定资源进行特定操作的许可称为权限。

④ 用户：只有经过身份认证的合法用户才能登录到系统中。

⑤ 授权：授予用户访问某种资源及执行某种操作的权限。

存储设备保存了一份服务器访问域和权限的访问控制列表（ACL）。当用户提出读写请求后，首先根据服务器端口号，从访问控制表中查询用户权限（权限一般分为 read 和 write 两种），再和请求类型进行比较，如果匹配，则继续处理该用户的访问请求，否则将拒绝用户访问。

存储访问控制机制还可以采用存储加密设备实现硬件级的访问控制。用户把任务请求发送到各个服务器，由服务器向存储加密设备请求读写数据，存储加密设备处理来自服务器的读写数据请求，实现对存储设备中数据的读/写访问操作，并由服务器将获取的数据返回给用户，从而控制来自不同服务器的用户的访问请求，保护私有数据不被非法获取，进一步增强数据存储的安全性。

（三）服务器虚拟化安全

服务器虚拟化将一系列物理服务器抽象成一个或多个完全孤立的虚拟机，作为一种承载应用平台为软件系统提供运行所需的资源。服务器虚拟化根据业务优先级，支持资源按需动态分配，提高效率和简化管理，避免峰值负载所带来的资源浪费。对于宿主机而言，服务器虚拟化将虚拟机视为应用程序，这些程序共享宿主机的物理资源。在虚拟机状态下，这些资源可以按需分配，在某些情况下甚至可以不用重启虚拟机即可为其分配硬件资源。

1. 服务器虚拟化技术

目前，已有不少较为成熟的服务器虚拟化系统。Xen 是由英国剑桥大学计算机实验室开发的一个开源项目，Xen 允许在物理服务器上建立多个虚拟机，每一个虚拟机都会在自己的工作域（Domain）中运行。Xen 提供了两种工作域：Domain-0 和 Domain-U（其中 U 为虚拟机 ID）。Domain-0 是宿主机的工作域，宿主机操作系统 RedHatEnterpriseLinux 的部分重要功能就在这个域中运行，除系统管理员外，其他用户无法修改 Domain-0 的配置信息。每个虚拟机的工作域都称为 Domain-U，当建立一个新虚拟机时，Xen 就会产生一个 Domain-U 的工作域，供该虚拟机使用，用户可以在新建虚拟机器时，定义该域的配置信息，也可在虚拟机启动后修改该域的配置。基于 Xen 的 Linux 操作系统有多个层次，最底层和最高特权层是 Xen 虚拟机管理器。Xen 可以管理多个客户机操作系统，每个操作系统都能在一个安全的虚拟机中运行。Domain 由 Xen 控制，以实现硬件资源的高效利用。每个客户操作系统可以管理它自身上的应用，这种管理是通过 Xen 来实现的。

虚拟机管理器（VMM，也称为 Hypervisor）是其内核，该内核的代码量很小，小于五万行。区别于其他虚拟化技术实现方案，Xen 的硬件驱动支持不在虚拟机管理器中完成，而是充分利用了运行在 Xen 上面的 Linux 驱动程序来为客户机操作系统（Guest OS）提供硬件驱动。精简的 Xen 内核设计，使得基于 Xen 的虚拟机的效率非常高，通常情况下，Xen 内核只占用 3%~5% 的系统开销。早期的 Xen 的实现基于半虚拟化（Para-Virtualization）技术，半虚拟化通过对客户机操作系统进行部分的代码修改来实现虚拟化。随着 Intel 和 AMD 公司提出的 Intel VT 和 AMD-V 技术，使得 Xen 可以支持全虚拟化，即不需要对客户机操作系统进行修改。

Xen 具有如下特点。

（1）服务器整合：在虚拟机范围内，可以在一台物理主机上安装多个虚拟服务器，用于部署不同的应用程序，同时实现有效的故障隔离。

（2）无硬件依赖：可用作应用程序和操作系统在移植至新硬件环境中的兼容性测试。

（3）多操作系统配置：在进行多平台或网络应用程序的开发或测试时，可以同时配置运行多类型操作系统，并且能够从试验场景中快速恢复。

（4）内核开发：在虚拟机的沙盒中实现内核的测试和调试，无需为测试而单独架设一台独立的物理主机。

（5）集群运算：管理虚拟机比单独管理每台物理主机更加灵活，在负载均衡方面更易于控制和配置。

（6）为客户机操作系统提供硬件技术支持：可以在虚拟机管理器上运行几乎所有的操作系统，如 Windows.Linux、UNIX 等，甚至包括未来可能出现的新操作系统。Xen 还能执行底层管理任务，例如虚拟机的休眠、唤醒和进程迁移等。

2. 安全防护措施

服务器虚拟化技术的不断发展带来的安全问题也在不断增加。虚拟化的环境从逻辑上看是独立并存的多个虚拟计算机，但实际上都是同时在物理主机上运行的，因此，无论是针对虚拟机的攻击，还是针对物理机的攻击，都可能危害到整个服务器的虚拟化环境。

保证服务器虚拟化安全的基本手段是实现虚拟机的隔离，使每个虚拟机都拥有各自的虚拟软硬件环境，并且互不干扰，其隔离程度依赖于底层虚拟化技术和虚拟化管理器的配置。隔离技术除了可以控制虚拟机间的网络流量外，当某个虚拟机崩溃时，还能保证不会影响其他虚拟机的运行。

服务器虚拟化带来的安全问题主要有以下几种。

（1）虚拟机间的通信：虚拟机一般的运行模式主要包括：多个用户共享资源池中的虚拟机；一台计算机上不同安全要求的业务并存；物理机上的服务在流程上可以相互调用；一个硬件平台上可以承载多个操作系统等。这几种运行模式都有隔离要求，如果处理不当就会导致数据泄露，甚至造成全面瘫痪的严重后果。

（2）虚拟机逃逸：虚拟机的设计目的是分享主机资源并提供隔离，但由于技术限制和虚拟化软件的漏洞，某些情况下，虚拟机里运行的程序会绕过隔离措施，从而取得宿主机的控制权。由于宿主机具有操作和控制的最高特权，如果黑客控制宿主机，则虚拟环境的安全体系可能会全面崩溃。

（3）宿主机对虚拟机的控制：宿主机对运行在其上的虚拟机具有完全的控制权，由于虚拟机的检测、改变和通信都在宿主机上完成，要特别重视宿主机的安全，对其实行严格管理。另外，所有网络数据都是通过宿主机发往虚拟机的，因而宿主机具备监控所有虚拟机网络数据的能力。

（4）虚拟机对虚拟机的控制：由于技术限制和虚拟化软件的漏洞，一个虚拟机可能会绕过隔离机制去控制另一虚拟机，该类行为具有较高的安全风险。

（5）非法资源占用：由于虚拟机和宿主机共享资源，虚拟机会非法占用一些资源，从而使得在同一台宿主机上的其他虚拟机无法正常运行。

（6）外部修改虚拟机：用户和管理员通过网络对虚拟机进行访问和管理，由于网络的安全问题，黑客可以通过网络劫持等手段获取虚拟机的账号信息或配置信息，对虚拟机进行非法修改。

解决服务器虚拟化安全问题的关键在于虚拟机管理器的设计和配置因为所有虚拟机的 I/O 操作、地址空间、磁盘存储和其他资源都由虚拟机管理器统一管理分配。通过良好的接口定义、资源分配规则和严格的访问策略能够显著提升服务器虚拟化环境的安全。下面为增强服务器虚拟化环境安全提供一些建议。

① 控制所有对资源池的访问，以确保只有被信任的用户才具备访问权限。每个访问资源池的用户应该拥有一个命名账户，而该账户和普通用户访问虚拟容器的账户应该是不同的。

② 控制所有对资源池管理工具的访问。只有被信任的用户有权访问资源池组件，如物理服务器、虚拟化管理程序、虚拟网络、共享存储等。

③ 规范虚拟机的管理操作。所有的虚拟机都应该首先通过系统管理员来创建和保护。如果某些用户（如开发人员、测试人员和培训者）需要和虚拟机直接交互，则应通过系统管理员来创建和管理这些虚拟机。

④ 控制对虚拟机文件的访问。通过合理的访问控制来确保所有包含虚

拟机的文件夹以及虚拟机所在压缩文件的安全。所有打开和未打开的虚拟机文件都必须实施严格的管理和控制，同时需要对访问虚拟机文件的行为进行监管。

⑤ 遵循最小化安全原则。在宿主机上尽可能实现最小化安装，来减少主机遭受攻击的渠道，并确保虚拟化管理程序安装尽可能可靠。

⑥ 部署合适的安全工具。为了支持各种安全策略，虚拟化系统中应包含一些常用安全设备及各种必要工具，如系统管理工具管理清单、监管和监视工具等。

第七章　企业网络安全防护技术实践

第一节　企业网络安全管理技术

一、威胁信息安全的主要因素

1. 软件的内在缺陷

这些缺陷不仅直接造成系统宕机，还会提供一些人为的恶意攻击机会。对于某些操作系统，相当比例的恶意攻击就是利用操作系统缺陷设计和展开的，一些病毒、木马也是盯住其破绽兴风作浪，由此造成的损失实难估量。应用软件的缺陷也可能造成计算机信息系统的故障，降低系统安全性能。

2. 恶意攻击

攻击的种类有多种，有的是对硬件设施的干扰或破坏，有的是对应用程序的攻击，有的是对数据的攻击。对硬件设施的攻击，可能会造成一次性或永久性故障或损坏。对应用程序的攻击会导致系统运行效率的下降，严重的会导致应用异常甚至中断。对数据的攻击可破坏数据的有效性和完整性，也可能导致敏感数据的泄漏和滥用。

3. 管理不善

一些企业网络存在重建设、重技术、轻管理的倾向。实践证明，安全管理制度不完善、人员安全风险意识薄弱，是网络风险的重要原因之一。比如，网络管理员配备不当、企业员工安全意识不强、用户口令设置不合理等，都会给信息安全带来严重威胁。

4. 网络病毒的肆虐

只要上网便避免不了会受到病毒的侵袭。旦沾染病毒，就会通过各种途径大面积传播病毒，就会造成企业的网络性能急剧下降，还会造成很多重要数据的丢失，给企业带来巨大的损失。

5. 自然灾害

对计算机信息系统安全构成严重威胁的灾害主要有雷电、鼠害、火灾、水灾、地震等各种自然灾害。此外，停电、盗窃、违章施工也会对计算机信息系统安全构成现实威胁。

二、完善网络信息安全的管理机制

1. 规范制度化企业网络安全管理

规范制度化企业网络安全管理网络和信息安全管理真正纳入安全生产管理体系，并能够得到有效运作，就必须使这项工作制度化、规范化，要在企业网络与信息安全管理工作中融入安全管理的思想，制定相应的管理制度。

2. 规范企业网络管理员的行为

企业内部网络安全岗位的工作人员要周期性进行轮换工作，在公司条件允许的情况下，可以每项工作指派 2~3 人共同参与，形成制约机制。网络管理员每天都要认真查看日志，通过日志来发现有无外来人员攻击公司内部网络，以便及时应对，采取相应措施。

3. 规范企业员工的上网行为

目前，琳琅满目的网站及广告铺天盖地，只要轻轻点击鼠标，就非常有可能进入非法网页，普通电脑用户无法分辩，这就需要我们网管人员对网站进行过滤，配置相应的策略，为企业提供健康的安全上网环境。为此，企业要制定规范以规定员工的上网行为，在免费软件、共享软件等没有充分安全保证的情况下尽量不要安装；同时，还要培养企业员工的网络安全意识，注意移动硬件病毒的防范和查杀的问题，增强计算机保护方面的知识。

4. 加强企业员工的网络安全培训

企业网络安全的培训大致可以包括理论培训、产品培训、业务培训等。通过培训可以有效解决企业的网络安全问题，同时，还能减少企业进行网络安全修护的费用。

三、提高企业网络安全的维护的措施

1. 病毒的防范

在网络环境下，病毒的传播性、破坏性及其变种能力都远远强于过去，签于"能猫烧香""灰鹤子""机器狗"等病毒给太多的企业造成严重的损失，惨痛的教训告诫我们，选用一款适合于企业网的网络版防病毒产品，是最有效的方法。网络版的产品具有统一管理、统一升级、远程维护、统一查杀、协助查杀等多种单机版不具备的功能。有效缓解系统管理员在网络防病毒方面的压力。

2. 合理配置防火墙

利用防火墙，在网络通信时执行一种访问控制尺度，允许防火墙同意访问的人与数据进入自己的内部网络，同时将不允许的用户与数据拒之门外，最大限度地阻止网络中的黑客来访问自己的网络，防止他们随意更改、移动甚至删除网络上的重要信息。防火墙的配置需要网络管理员对本单位网络有较深程度的了解，在保证性能及可用性的基础上，制定出与本单位实际应用较一致的防火墙策略。

3. 配置专业的网络安全管理工具

这种类型的工具包括入侵检测系统、Web、Email、BBS 的安全监测系统、漏洞扫描系统等。这些系统的配备，可以让系统管理员能够集中处理网络中发生的各类安全事件，更高效、快捷地解决网络中的安全问题。

4. 提高使用人员的网络安全意识和配备相关技术人员

企业网络漏洞最多的机器往往不是服务器等专业设备，而是用户的终端机。因此，加强计算机系统使用人员的安全意识及相关技术是最有效，但也是最难执行的方面，这需要在企业信息管理专业人员，在终端使用人员网络安全技术培训、网络安全意识宣传等方面多下功夫。

5. 保管数据安全

企业数据的安全是安全管理的重要环节。特别是近年来，随着企业网络系统的不断完善，各专业应用如财务、人事、营销、生产、办公自动化、物资等方方面面均已进入信息系统的管理范围，系统数据一旦发生损坏与丢失，给企业带来的影响是不可估量的。任何硬件及软件的防范都仅能提高系统可靠性，而不能杜绝系统灾难。在这种情况下，合理制定系统数据保护策略、购置相应设备、做好数据备份与系统灾难的恢复预案、做好恢复预案的演练，是最有效的手段。

6. 合理规划网络结构

合理规划网络结构，可使用物理隔离装置将重要的系统与常规网络隔离开来，是保障重要系统安全稳定的最有效手段。

第二节　企业信息安全技术体系

一、企业信息安全需求分析

只有对企业信息网络可能面临的安全威胁和安全问题进行系统地分析，形成完整的安全需求，才能构造符合企业实际的、可操作性强的信息安全体系。

1. 可能面临的安全威胁

（1）物理安全风险。物理安全风险包括计算机系统的设备、设施、媒体和信息面临因自然灾害（如火灾、洪灾、地震）、环境事故（如断电、鼠患）、人为物理操作失误以及不法分子通过物理手段进行违法犯罪等风险。

（2）数据安全风险。数据安全风险包括竞争性业务的经营和管理数据泄漏，客户数据（尤其是大客户资料）泄漏以及数据被人为恶意篡改或破坏等。

（3）网络安全风险。网络安全风险包括病毒造成网络瘫痪与拥塞、内部或外部人为恶意破坏造成网络设备瘫痪来自互联网黑客的入侵威胁等。

（4）业务中断风险。以上这些风险都可能造成企业业务中断，甚至造成企业重大损失和恶劣社会影响，破坏企业品牌和信誉。

2. 可能存在的安全问题

（1）信息网络系统建设规划上的不完善。信息网络建设初期，是以保证企业应用的功能和性能为主，没有将信息安全作为系统的主要功能之一，虽然利用当时的技术手段采取了一些安全措施，但安全保护措施较为零散，缺乏整体性与系统性，对于信息网络的安全保护缺乏统一的、明确的指导思想，这是引发安全问题的主要源头。

（2）技术与设计上的不完善，自计算机诞生和互联网问世起，技术上的漏洞和设计方面的缺陷就随之而来，这些缺陷存在于计算机操作系统、数据库系统、网络软件和应用软件的各个层次，有可能被恶意用户利用来获取非法访问权限。这也是引发安全问题的主要原因。

（3）网络互联方面的风险。随着企业业务的扩展，企业信息网与外部信息网的联接关系越来越复杂，在企业的信息网络与外界网络的连接之间，特别是和互联网之间，如果缺乏必要的、有效的技术防范措施，那么恶意用户容易利用漏洞侵入内部网络。

（4）安全管理面的问题。主要表现在：没有建立专门的安全管理组织，信息安全管理制度不健全或贯彻落实不够，人员不到位，安全防范意识不强，或者企业为节约成本，人力投入和实际需要存在矛盾这些问题使得安全技术和管理措施难以有效实施。

二、企业信息安全的体系架构

1. 企业信息安全的总体架构

通过上述分析，根据企业信息安全需求，我们可以提出此方面的总体框架模型，详见下图。企业信息安全架构总体上可分为技术体系和管理体系，目的是确保信息的机密性、完整性、可用性、可审计性和抗抵赖性，以及企业对信息资源的控制，确保企业经营和业务的不间断运行。

2. 如何构建企业信息安全的技术体系

（1）物理安全。保证信息系统物理安全，首先要根据国家标准、企业的信息安全等级和资金状况，制定符合本企业的物理安全要求，并通过建设和管理达到相关标准。其次，关键的信息系统资源，包括主机、应用服务器、网络设备、加密机等设备、通信电路，以及物理介质（软／硬磁盘、光盘、磁带、IC 卡、PC 卡等），应有加密、电磁屏蔽等保护措施，并放在物理上安全的地方。

（2）系统平台安全。系统平台安全主要是保护主机上的操作系统与数据库系统的安全，它们是两类非常成熟的产品，安全功能较为完善。对于保证系统平台安全，总体思路是先通过安全加固解决企业管理方面安全漏洞，然后采用安全技术设备来增强其安全防护能力。实施系统平台安全应注意以下几个方面

① 加强主机操作系统、数据库系统的账户与口令管理，其中系统建设过程中可能遗留有无用账户、缺省账户和缺省口令，应注意清查并及时删除；如无法确认，必须修改缺省口令；账户口令要符合设置要求，对重要设备的系统级（ROOT）账户口令每个月至少要变更一次，重要操作后要及时变更口令。

②要建立操作系统、数据库和应用系统的相关应用和端口的对应关系，关闭主机系统上与应用服务无关的端口。

③企业应用系统对不间断运行的要求较高，如采用打补丁的方式进行加固，风险大，工作量大，即便是表面看起来很普通的补丁也可能造成整个系统瘫痪。因此，打补丁的最佳时机是在应用系统上线投产前的安装调试阶段应用上线后，尽量不要采用打补丁加固的方法，如要确实要打补丁，事先要经过严格的测试并做好数据备份和回退措施。

④如果系统平台中存在较大安全漏洞而无法打补丁加固的，可利用安全保护措施的互补性，在网络边界处采取合适安全保护措施，并加强对主机系统的审计与管理，以弥补该问题遗留的安全隐患。

⑤对于企业外公司开发的应用系统，如需要开发公司工程师远程登入查找故障，应贯彻最小授权原则，开放的账户只能给予满足要求的最小权限，并对远程登入时间、操作完成时、操作事项进行记录，及时关闭开放的用户；有条件的，可打开系统平台自带的审计工具，或配备第三方的监控、审计和身份认证工具。

（3）网络安全。计算机网络是应用数据的传输通道，并控制流入、流出内部网的信息流。网络安全最主要的任务是规范其连接方式，加强访问控制，部署安全保护产品、建立相应的管理制度并贯彻实施建设网络安全体系应注意以下几个方面：

①计算机网络边界的保护强度与其内部网中数据、应用的重要程度紧密相关；网络安全等级应根据结点的网络规模、数据重要性和应用重要性进行划分并动态调整。

②可以根据不同数据和应用的安全等级以及相互之间的访问关系，将内部网络划分的为不同的区域，建立以防火墙为核心的边界防护体系。

③项目规划阶段就要考虑防火墙、漏洞扫描、入侵检测和防病毒等各安全产品之间的互相协作关系，以实现动态防护。

（4）应用安全。应用安全是保护应用系统的安全、稳定运行，保障企业和企业用户的合法权益。保证应用系统安全，应加强以下几个方面的建设：

① 建立统一的密码基础设施，保证在此统一的基础上实现各项安全技术。

② 实施合适的安全技术，如身份鉴别、访问控制、审计、数据保密性与完整性保护、备份与恢复等。

为实现以上安全目标，可建立如下安全策略：

①根据企业应用系统的特点，抽象出应用系统的基本模式，然后建立相应的安全模型，并统一设计同类应用系统的安全功能的实现方法。

②根据应用系统模式及其传输的业务数据的重要性，为应用系统划分安全等级，针对不同安全等级的应用系统实施不同强度的安全保护功能。

3. 如何构建企业信息安全的管理体系

信息安全不仅是技术问题，更主要是管理问题。俗话说"三分技术，七分管理"，任何技术措施只能起到增强信息安全防范能力的作用，只有管理到位，才能保障技术措施充分发挥作用，能否对信息网络实施有效的管理和控制是保障信息安全的关键。构建企业信息安全管理体系时，应建立从规划、建设、运行维护到报废的全过程安全管理，建立评估—响应—防护—评估的动态、闭环的管理流程。

（1）加强全过程安全管理。信息系统整个生命周期分为规划、建设、运行维护、报废四个阶段，不同的阶段有不同的安全管理重点和要求。

① 在信息网的规划阶段就要加强对信息安全建设和管理的规划。信息安全建设需要投入一定的人力、物力和财力，无论管理工作或技术建设工作都不可能一步到位，因此要根据企业状况实事求是地确定信息网的安全总体目标和阶段目标，分阶段实施，降低投资风险。

② 在工程建设阶段，建设管理单位要将安全需求的汇总和安全性能、功能的测试列入工程建设各个阶段工作的重要内容，要加强对开发（实施）人员、开发过程中的资料（尤其是涉及各种加密算法的资料）、版本控制的管理，

要加强对开发环境、用户和路由设置、关键代码的检查。

③ 在运行维护阶段，要注意以下事项：

建立有效的安全管理组织架构，明确职责，理顺流程，实施高效地管理。领导重视是做好信息安全工作的关键，人员落实是做好信息安全工作的保障。

制定完善的安全管理制度，加强信息网的操作系统、数据库、网络设备、应用系统运行维护过程的安全管理。

要建立应急预案体系，保证业务不间断运行，包括主机应急预案、业务应急预案、网络应急预案、灾备系统等。

信息中心要加强对物理场所的安全管理，包括机房人员出入管理、营业场所出入管理、机房物理安全管理、消防安全管理等。

加强安全技术和管理培训针对已发生的犯罪大多是内部人员或内外勾结犯罪的情况，要加强对内部人员的管理（包括技术人员和营业人员）教育，让相关人员知法懂法。

加强执行力度和违规行为的处罚力度。根据以往教训，往往是有章不循而且连续几个环节都没有遵守规章制度，才让犯罪分子有机可乘。

④ 在设备报废阶段，对于过期的保密信息（包括电子文档记录的信息），要及时、集中销毁对于报废设备，处理时要销毁遗留在设备上涉及安全的信息。

（2）建立动态的闭环管理流程。企业信息网处于不断地建设和调整中，新的安全漏洞总是不 Socurityr 断地被发现，单纯的静态管理流程已不能满足要求的，需要建立动态的、闭环的管理流程、动态、闭环的管理流程就是要在企业整体安全策略的控制和指导下，通过安全评估和检测工具（如漏洞扫描、入侵检测等）及时了解信息网存在的安全问题和安全隐患，据此制定安全建设规划和安全加固方案，综合应用各种安全防护产品（如防火墙、防病毒、身份认证、审计等手段），将系统调整到相对安全的状态。其中：

① 对于一个企业而言，安全策略是信息安全体的核心因此制定明确的、

有效的安全策略是非常重要的。企业安全组织要根据这个策略制定详细的流程、规章制度、标准和安全建设规划、方案，保证这一系列策略规范在整个企业范围内贯彻实施，从而保护企业的投资和信息资源安全。

② 要制定完善的、符合企业实际的信息安全策略，就必须先对企业信息网的安全状况进行评估。安全评估即对信息资产的安全技术和管理现状进行评估，让企业对自身面临的安全威胁和问题有全面的了解，从而制定有针对性的安全策略来指导信息安全的建设和管理工作。

第三节　企业网络安全管理体系

一、企业信息安全威胁

传统概念中，企业信息系统安全威胁似乎就是黑客入侵等导致信息资产损坏的行为。事实上，在企业信息安全体系中，信息安全及其关联的信息资产有着更为广泛和科学的范围。造成企业威胁的因素可分为人为因素和环境因素。根据威胁的动机，人为因素又可分为恶意和非恶意两种。威胁作用形式可以是对信息系统直接或间接的攻击，在保密性、完整性和可用性等方面造成损害；也可能是偶发的或蓄意的事件。

表 7-1　企业信息安全考虑威胁的来源

来源	描述
环境因素	断电、静电、灰尘、潮湿、温度、鼠蚁虫害、电磁干扰、水灾、火灾、地震、意外事故等环墙危害或自然灾害，以及软件、硬件、数据、通信线路等方面的故障

续表

来源		描述
人为因素	恶意人员	不满的或有残谋的内部人员对信息系统进行恶意破坏；采用自主或内外勾结的方式盗窃机密信息或进行篡改，获取利益。外部人员利用信息系统的脆弱性，对网络或系就的保密性、充整性和可用性进行破坏，以获取利益或炫耀能力
	非恶意人员	内部人员由于缺乏责任心，或者由于不关心或不专注，或者没有遵循规章制度和操作流程而导致故障或信息损坏；内部人员由于缺乏培训、专业技能不足，不具备岗位技能要求而导致信息系统故障或被攻击

二、信息安全体系内容

企业从网络建立发展以来，针对这些威胁因素，结合企业的实际情况，从业务驱动的角度出发，制定信息安全体系框架，在物理层、网络层、系统层、应用（数据）层、管理层上实现信息安全管理，实施信息系统安全等级保护，逐步构建企业的信息安全体系，并以框架为指导，对企业未来信息安全的各个平台进行设计和实施。

物理安全包括机房环境管理、核心安全部件物理防护、物理安全域的设置、双网隔离设备设置、监视系统等。

网络安全包括 VLAN 划分、防火墙、安全网关、VPN 申请、因特网申请、IP 管理、网络访问记录、移动设备安全、入侵防范、边界安全、网络设备等。

系统安全包括操作系统安全、系统安全审计、角色管理、身份认证、系统日志审计、SEP、系统冗余 / 备份 / 容灾、终端安全（包括账号策略、补丁安装、病毒防护、端口使用、共享、非法外联等内容）、服务器管理（账户口令、认证授权、日志审计、协议安全、系统服务、数据保护等）、域用户管理、单机用户管理、漏洞扫描、VRV 等。

数据安全包括数据完整性控制、数据备份、数据库系统管理、数据表管理、数据库用户、数据访问管理、数据管理、数据审计、数据导出管理等。

• 235 •

应用安全包括应用授权、网页防篡改、应用系统开发，应用系统部署申请。应用系统维护、人员，岗位变动后信息变更管理流程。应用系统账户管理、网页信息访问权限管理。项目归档管理、文档权限管理，文档外发控制、文档备份，门户发布信息流程管理，调度接收信息管理等。

管理安全包括增核与监管、安全管理规范（人员、机构、设施、环境、操作、开发），最小特权、分权制约机制、密级的划分（国家秘密／专有信息）和等级选择、口令、证书、密钥的安全管理、内控管理等。

对于每一项安全项目内容，结合实际情况，制定可操作的安全管理内容。如对计算机病毒管理，要求计算机发生病毒感染的时候，计算机操作人员要马上停止所有操作，不要向外部发送任何数据，以免病毒的传播，并通知安全管理员；在感染病毒的计算机上运行杀毒软件，全面检查计算机系统，将病毒彻底清除；如果是服务器发生了病毒感染，应立即停止服务器所运行的所有程序和相关服务，防止病毒进一步扩散，并通知系统维护人员和安全管理员；在服务器端运行杀毒软件，全面检查计算机系统，清除病毒；在服务器查杀病毒的同时，所有服务器管理的计算机都要进行病毒查杀；如需要，启动备份服务器，同时，将原有服务器与网络彻底断绝物理联系；如果病毒将系统破坏，导致系统无法恢复，应将感染病毒的计算机上的重要数据备份到其他存储介质，确保计算机内重要的数据不会丢失；对备份的数据也要进行病毒检测，防止病毒再次感染其他计算机。同时要将病毒感染情况、发作现象、处理结果进行记录，找到引起该病毒暴发的原因。

三、安全评估

安全评估就是评估信息系统的脆弱性、信息系统面临的威胁以及脆弱性被威胁利用后所产生的实际负面影响或安全事件，并根据安全事件发生的可能性和负面影响的程度来准确识别安全风险。虽然建立了信息安全体系，但是必须通过安全评估，才能准确地了解自身的网络、应用系统以及管理制度方面的安全现状，针对存在的问题进行整改，使信息安全水平得到进一步提高，形成科学有序的监管体系。

信息安全评估的具体内容如下：一是管理制度的评估，包括机房管理制度、文档设备管理制度、管理人员培调制度、系统使用管理制度等。二是物理安全的评估，物理安全是信息系统安全的基础，一般包括场地安全、机房环境、灾难预防与恢复措施等几方面。三是计算机系统安全评估，指操作系统和数据的安全，主要有操作系统漏洞检测、系统存储环境中的数据安全、数据库的数据安全、应用系统的数据访问安全。四是网络与通信安全的评估，网络与通信的安全性在很大程度上决定着整个网络系统的安全性，评估的主要内容有网络基础设施、整体网络系统平台安全综合测试、模拟入侵、设置身份鉴别机制。五是日志与统计安全的评估，日志、统计的完整、详细是管理人员及时发现、解决问题的保证。六是安全保障措施的评估，安全保障措施是根据以上各个层次安全保障的要求，用户以网络、系统的特点、实际条件和管理要求为依据，建立各种安全管理制度。需要邀请专业的评估人员对企业的信息安全现状进行评估，通过评估发现信息系统中存在的安全隐患，可以准确制定安全策略及安全解决方案，从而指导单位信息系统的建设。

企业内信息系统的安全风险信息是动态变化的，只有动态的信息安全评估才能发现和跟踪最新的安全风险。所以信息安全评估是一个长期持续的工作，通常应该每隔1~3年进行一次安全风险评估。

第四节　防火墙在企业网络安全防护中的应用

一、企业网络安全防护的现状、问题

对于现代化企业而言，网络作为其生产、经营过程中的重要组成部分，做好对其安全性的有效保护意义重大。然而，从当前的企业经营状态来看，许多企业都在网络安全管理方面存在不足，这让企业安全问题暴露出来，如果不尽快予以处理，企业很有可能因为网络安全而蒙受本该避免的经济损失。基于此点认识，做好对企业网络安全防护的现状及其问题分析至关重要。

1.防护意识薄弱

网络安全对于企业而言一直都是重要的影响因素，但是由于防护意识薄弱，所以导致很多企业网络安全防护的任务没有较好的完成，不仅造成了严重的经济损失，同时对企业的正常经营和业务办理也造成了很大的影响。防护意识薄弱的问题是普遍存在的。企业网络安全防护的最开始阶段并没有在防护资金上大量的投入，采用一般的防护技术来操作，虽然在短期内没有出现严重的问题，但是往往因为自身的防护体系脆弱，被黑客和不法分子轻易攻破，不仅造成严重的损失和混乱，同时对企业本身的打击也非常严重。黑客在入侵企业网络的时候并不是随意入侵的，选定目标后会开展各方面的情报搜集与判定，并且会一次又一次地去试探，获得企业网络安全防护的足够信息以后就可以按照定点攻破的方式来完成，不仅成功率高，同时难以追踪。企业防护意识的薄弱，意味着黑客的每一次试探都不了解，甚至是完全找寻不到任何的踪迹，由此导致企业的发展陷入被动的状态。

2.防护团队不专业

企业网络安全防护的问题是日趋积累的结果，尤其是防护团队不专业的问题，该问题一直是所有企业最为头疼的。防护的目的是避免资料丢失，希望让企业的网络应用工作可以正常的开展。但是很多团队在防护方面缺少足够的经验，而且企业在聘请网络员工的时候对成本节约较高，所以很多优秀的人才没有被招揽。企业网络安全防护的团队缺少实际工作的经验，大部分人在就职企业之前虽然经过科班的学习，但是没有在大型的黑客攻防战方面有一个十足的把握，而且大部分企业在网络方面的看中程度表现一般，除了网络业务还有其他的业务模式，所以在防护团队的打造方面并没有持续性的加强。近几年中小企业的网络防护得到了社会各界的高度关注，由于在专业团队的严重缺乏，因此中小企业的网络侵袭不断增加，虽然侵袭的成本较低，但在非法收益的获取数额上较高。

3. 防护技术不足

网络安全对于国家发展、企业稳定都会产生较大的影响，防护技术不足的现象直接导致企业网络安全防护陷入被动的状态，不仅没有办法在日常工作上给予较多的保障，同时在内部问题的解决方面十分不理想。企业网络安全防护的外部侵袭处理，在日常的演练程度上非常低，大部分的企业表现出零演练的特点，一旦出现了网络漏洞被侵袭，无法快速保存资料和正确处理攻击问题，这对于网络安全的提升和企业网络的正常应用都会产生很大的影响。企业内部的网络使用方面缺少规范性，很多员工在使用网络的过程中随意的点击网页，有时候在下载软件方面也没有通过正常的通道来完成，各类绑定软件数量绑定程序数量不断增加，导致电脑中的漏洞开始不断提升，此时遭遇黑客攻击的概率是非常大的，必须在具体的处置措施上进一步的改善，否则必定会造成未来工作的严重隐患。

二、企业使用防火墙的应用意义

任何企业网络安全防护工作的开展都离不开防火墙的帮助，该项技术的应用目的在于帮助企业对网络防护、网络安全架设超强的防护屏障，对外来的攻击和内部的错误操作全部拒绝，由此可以对企业的资料进行更好的保护，在各类问题的解决上也取得了不错的效果。但是，防火墙技术的应用难度并不低，需要从很多的层面来考虑探究，最大限度地确保企业网络安全防护的内涵不断丰富，在防护的可靠性、可行性方面要努力取得更好的成果。防火墙的运用意义是为了对企业网络安全防护的基础保障不断增加。现代化的网络应用开始在连通性、开放性方面不断增加，而且很多网络技术的应用、网络产物的融合都表现出"傻瓜式"的操作特点，企业如果在防火墙技术的运用上没有从正确的思路出发，则很容易因此遭受黑客的攻击，面对非法分子的敲诈勒索也只能乖乖的服从。防火墙技术的操作就是为了避免这样的情况发生，不仅维护企业的利益，也维护行业的利益，要坚持在防火墙技术的创新力度上进一步加强，从不同的角度来探究。

三、防火墙在企业网络安全防护中的应用策略

通过前文的分析可以看出，想要实现对企业网络安全的有效防护，就必须建立起科学、规范成熟的网络安全系统，防火墙作为目前安全性最佳的安全管理系统，其可以借助自身庞大的数据信息来实现对各类风险的有效识别和防范，这对于保证企业网络系统安全带来了重要助力。为了更好地发挥出防火墙的保护效果，对其应用策略分析意义重大。

1.提高防护意识

科技时代的来临意味着企业网络安全防护不可能继续按照简单的技术来完成，而且很多技术本身就是两面性的，一旦没有在技术功能上正确的发挥，必定导致技术的操作水平不断下降。防护意识的提升在于对防火墙的应用方案不断健全。防火墙的技术类型比较丰富，不同技术在防护的效果上存在差异性。中小型企业的防火墙和大型企业的防火墙打造是不同的，越是关键的数据、信息，越要采用强大的防火墙来建立保障。所以，企业网络安全防护

的防火墙技术操作必须结合自身的需求来完成，盲目地降低投资成本必定促使防火墙的脆弱程度进一步增加，而且还会在网络应用上暴露出很多的问题，这对于企业的正常经营构成了严重的威胁。防火墙的技术方案设计要不断优化，尤其是伴随着企业的发展和经营项目的扩大，需要保护的范围也不断地增加，此时在防火墙技术的实施策略上要进一步的创新，站在不同的层面上来改善。

2. 包过滤防火墙

企业网络安全防护的意识提升后要选择正确的防火墙技术，包过滤防火墙的应用是比较普遍的技术方案，其能够对 OSI 七层模型中的网络层数据开展有效的防护处理。大部分情况下，该类型的防火墙操作可以在连接状态上进行有效的检测，预先对逻辑策略进行有效的设定，凡是会通过防火墙的数据包都会开展详细的检测和分析，逻辑策略中包含的信息非常多，涵盖了端口、地址源地址等等信息，倘若数据包在扫描的过程中，其含有的信息和预先设计的逻辑策略方面表现出不一致的状态，则数据包可以正常的通过；如果数据包中的信息与逻辑策略匹配，则数据包会直接被拦截处理。数据包在传送的时候，大部分情况下是通过无数个小数据包来完成的，每个小数据包又涵盖了目的地质、源地址等数据，所以在防火墙的运用过程中，会按照不同的传输路径来操作，但最终的目的地是一样的。因此，即便是在到达目的地以后，依然要通过防火墙的检验和测试，在最终合格以后才能实现数据包通过。

3. 加强专业化团队建设

防火墙对于企业网络安全防护而言的确是非常不错的技术手段，但在实际的运用过程中必须依靠专业化的团队来完成，越是专业人数越多的团队，越能够对企业网络安全防护高度负责。现如今不仅仅是网络公司高度关注防火墙团队，凡是涉及网络业务的公司都会在防火墙团队上积极的打造。企业网络安全防护的团队建设，需要在防火墙团队的组建方面开展严格的选聘与考核，新入职人员必须接受培训。由于防火墙是企业的重要屏障，所以团队工作能力、工作态度都要保持在较高的水准上，这样才能对企业网络安全防护的综合内涵更好地巩固。防火墙团队要定期对企业内部的网络应用做出测试和筛查，有超过 40% 的入侵问题都是因为内部网络的原因造成的，所以在防火墙团队的工作安排上，可以划分为内部、外部两个层面，由此在企业网络安全防护的综合水平上得到更好地提升，对一系列问题的解决也可以由此来得到较多的保障。

4.应用网关防火墙

当前的企业网络安全防护工作非常重要，每一项技术的执行都要按照专业性、针对性的标准来实施，否则无法在最终的成绩上有效的创新。应用网关防火墙也是不错的选择，这种防火墙也被称之为代理防火墙，其主要是在 OSI 模型当中的网络层、应用层、传输层来进行防护，所以具备的防护效果更加优秀。应用网关防火墙认证的是个人而非设备，这一点和包过滤防火墙有所不同，在发送数据前进行验证，验证成功后允许访问网络资源，认证包括口令、密码、用户名等，因此没有预留时间为黑客提供 DOS 攻击。应用网关防火墙分为直通式网络防火墙和连接网关防火墙。后者有更多的认证机制，可以通过截获数据流量进行认证，认证成功后连接网关防火墙才允许服务访问。连接网关防火墙还能够对应用层进行防护，提高应用层安全性，而直通式防火墙则不具备这一功能。

第五节　信息化时代企业网络安全的重要性

一、信息化时代企业网络安全的重要现实意义

国家主席习近平曾明确提出网络安全就是国家安全。由此可见，网络的

安全性能直接影响着国家和社会的持续发展。对于大多数企业而言，只有搭建起健全完善的信息发展体系，才能切实提高其经营管理、生产发展的整体效率，实现企业的安全性、规范性、有效性。但在对信息技术及网络技术进行推广普及运用的过程中，一方面，其对企业传统的生产经营管理模式产生了一定的积极影响，优化了管理形式、管理流程及管理机制，提高了整体发展效率；另一方面，也将企业放置在虚拟的网络平台中。互联网作为一个虚拟的空间和平台，企业在其中的运行发展会受到多种因素的影响，面临多元化的威胁，如木马、病毒攻击等。一旦失去安全性能，企业的商业机密被泄露，尤其是部分黑客攻入系统修改指令、盗取信息，则会对企业的未来发展造成难以估量的损失。与此同时，对于小型企业而言，网络风险可能仅仅造成的是某部门或是某环节的瘫痪，但对于一些大中型的企业而言，其在内部建立集团公司与子公司的专线 ViN，开展协同办公，实现生产、调度、销售等等活动，一旦某一环节或是某一子公司遭受远程攻击，会对整个集团企业的生产发展造成严重影响，甚至会通过这一平台媒介对整个地区的企业发起攻击。在这样的背景下，必须正确看待网络安全，树立安全观念，立足于企业发展的实际情况及社会需求，运用一系列基础设备设施，搭建起健全完善的网络安全保障机制，以此更好地抵御外界攻击。

二、企业信息化建设中面临的网络安全困境

1. 缺乏深入的网络安全意识

现代信息技术及信息化手段一定程度上推动着企业的持续发展，但目前部分企业却仅仅注重短期利益的获取，忽略了信息安全对于企业长足发展起到的影响。众所周知，近年来国家大力推行信息化建设，在政府、社会等多方力量的影响下，企业的信息化建设已经初见成效，越来越多的企业管理者及决策者开始注重信息化发展。但目前，信息窃取、用户个人信息泄露的情况时有发生，这些都是所有企业应当思考的主要问题。其缺乏定的网络安全

意识，不注重对用户信息的保障，久而久之，数据库篡改、系统崩溃，会直接影响企业的财产安全，造成难以挽回的损失。

2. 缺乏先进的技术水平

技术问题一直是大多数企业在信息化建设过程中面临的首要问题，但由于缺乏专业的技术人员、团队的综合能力有待提高、经验不足都会导致信息化系统存在漏洞和缺陷，而企业管理人员对这些安全隐患并没有引起足够的重视，正好给黑客提供了可乘之机，盗取信息在市场中进行贩卖，即便企业安装了一系列杀毒软件也无法对这样的事件进行有效的规避。

3. 确实对高水平软件的有效使用

一方面，受资金资源的影响，大多数企业并没有引进高水平的系统化信息软件；另一方面，部分企业仅仅注重短期利益的获取，希望以最低的成本获得信息化发展的利益，因此购买盗版软件或是保护性能较低的软件，都无法切实提高网络的安全性能。

三、信息化时代企业开展网络安全防护的主要策略及措施

1. 防火墙技术

（1）网络防火墙技术。根据相关的实践调查研究我们可以看出当前我们所指的网络防火墙主要是指一种新型的防火墙技术，其将外部网络与内部网络进行了有效的连接，确保外网在进行内网的访问时，能够自动过滤非法入侵，并根据数字认证、权限规定，合理使用信息数据库，限制 IP 地址并禁止相关端口的访问，通过这样的方式，有效阻碍外网对内网的攻击。同时对不同的人群设定差异化的访问权限，确保数据信息的安全性和隐私性，与此同时，网络防火墙也在一定程度上杜绝了木马移植等现象的发生。由此可见，通过对网络防火墙的有效运用，在计算机系统中设置相应的参数和规则，能够最大限度地限制木马攻击或者病毒进入。目前越来越多的企业开始选择在

自身范围内设置局域网，并通过搭建网络防火墙的方式确保信息的安全性。

（2）数据库防火墙技术。根据上面的内容我们可以看出，网络安全直接影响着国家安全，在信息化时代背景下，企业、国家都应将更多的注意力集中在数据库安全防护过程中，大多数企业会将机密消息及相关的文件信息存储在数据库中，通过数据库防火墙的方式实现了对数据库信息资源的有效监管，实施高效防护。具体而言，在实际运用过程中，通过签订 SQL 协议，立足于企业发展的安全计划，针对外界对内部网络所发出的一系列告警，必须及时高效地进行记录，生成访问日志，定期组织上报给相关的技术人员。通过这样的方式，对数据库进行有效监管检测，在外部形成防御墙。由此可见，在具体的工作过程中，一旦外界有任何威胁或警告，数据库防火墙所对应的应用程序会及时对外界情况进行检测分析，一旦发现不安全因素立即开展审计工作并及时阻断处理，以此实现中间代理，建立起具有定主动防御性能的数据库防火墙，对企业的机密信息及文件消息进行安全管理。

2.其他安全防护手段技术

当前人们最常使用的针对网络安全的补丁包，通常为微软所开发的漏洞补丁，其在一定程度上对计算机起到了安全保护的作用。众所周知，木马病毒的入侵直接影响着计算机的稳定安全运行，一旦病毒在计算机中广泛传播，微软的漏洞补丁会及时针对这样的病毒发布补丁，通过这样的方式尽可能地挽回损失。

具体而言，企业在进行计算机网络的使用过程中一旦发现网络连接存在一定的问题，首先应当检测自身的网络连接是否成功，之后分析是否有不明 IP 入侵，在此基础上，查看与计算机连接的地址是否有误，通过这样的方式，实现全程系统的查找。目前人们常用的防护软件主要有金山、360、瑞星等，通过实时监控，坚决杜绝病毒木马的侵入，将网络安全问题扼杀在摇篮中。

第六节　基于等级保护的企业网络安全建设实践

一、风险分析

1. 主观安全意识薄弱

就我国企业网络建设现状而言，由于其发展时间较短、基础较为薄弱，安全建设更是成为可有可无的内容，有限的资金大多投在基础网络和应用系统建设，忽视网络安全保密建设，正是由于这样的情况，在公开媒体上经常能看到由于木马或其他恶意代码造成的企业信息泄密事件发生。企业一旦发生类似的安全事件，轻则损失惨重、形象受损，重则企业倒闭破产，给企业带来非常严重的危害。同时，与国外网络安全投资占建设总投资约 20% 来比，国内企业只有 5% 到甚至还要低，令人汗颜。企业对网络安全保密建设认识不足，重视程度不够是导致安全事件频出的一个重要原因。

2. 安全建设缺乏规划、缺乏整体思路、缺乏一致性

目前企业网络中的安全建设普遍缺乏整体安全设计，一个没有整体安全规划的系统建设到后面，逐渐成为安全产品的堆砌，各个产品之间缺乏有效的联动，造成在网络中使用了诸多产品，但企业网络中的安全问题仍然存在，而且由于大量产品的堆砌不仅降低了网络的运行效率，还增加了网络复杂度，增加系统维护难度；另外存在的一个问题是选用全能型的安全产品，如防火墙不但具有防火墙的基本功能，还具有 IDS、IPS 甚至杀毒等功能，俗话说"术业有专攻"，在网络所处环境日趋复杂、威胁日趋智能化的情况下，这样的选择势必导致设备不能有效发挥最基本的功能。

3. 系统策略配置过度宽松

在网络中央用的操作系统提供了很好的安全机制保证安全的安装配置、

用户和目录权限设置及建立适当的安全策略等系统安全处理加固。例如，打安全补丁、口令的定期修改、目录和文件权限设置、用户权限设置、服务的管理、对应用系统进行安全检测等。但实际上企业网络在安装调试过程中对系统的安全策略上往往执行最宽松的配置，对于安全保密来说却恰恰相反，要实现系统的安全必须遵循最小化原则，在网络中没必要的策略一律不配置，即使有必要也需要严格限制使用。

4. 缺乏安全管理机制

安全和管理是分不开的，即便有好的安全设备和系统，没有一套好的安全管理方法并贯彻实施，值得注意的是，这里强调的不仅要有安全管理方法，而且还要贯彻实施，否则安全就是一句空话。安全管理的目的是最大限度地保护网络安全稳定地运行，同时具有较好的自我修复性，一旦发生黑客事件能最大限度地挽回损失，所以建立定期的安全检测、口令管理、人员管理、策略管理、备份管理、日志管理等系列管理方法和制度是非常必要的。

二、安全评估

通过以上的安全风险分析，笔者在进行企业网络安全建设之前，首先对网络进行评估，评估可从两个方面入手，一是技术评估，根据等级保护的要求，从企业网络的物理环境、主机系统、网络安全、应用安全等方面进行分析和评估；二是管理评估，从管理制度、人员安全管理、安全组织机构、信息系统安全建设和信息系统安全维护方面进行分析和评估。评估的目的是为安全建设的技术，资金投入寻找平衡点，在有限资金投入的情况下达到最大化的安全保密效果。

技术评估从以下几个方面入手。

（1）物理环境安全评估：物理安全是整个网络系统安全的前提。物理安全也称实体安全，是指包括环境、设备和记录介质在内的所有支持信息系统运行的硬件设备的安全。物理安全的风险主要有：环境事故造成的整个系统毁灭；电源故障造成的设备断电以至操作系统引导失败或数据库信息丢失；设备被盗、被毁造成数据丢失或信息泄漏；电磁辐射可能造成数据信息被窃取或偷阅；报警系统的设计不足或失灵可能造成的事故等。

（2）主机系统安全评估：根据等级保护基本要求，对信息系统所包含主机的系统、中间件、数据库等进行安全评估，找出主机中存在的风险。安全评估可以参考等级保护的安全要求进行逐条分析，评估的工具有很多，最简单的方法就是找到所有的安全风险目录，然后对照目录进行排查。根据排查结果对主机系统进行安全评估。

（3）网络安全评估：根据等级保护基本要求，对网络架构、网络设备、安全设备进行安全评估，找出网络架构、网络设备、安全设备中存在的风险。网络设备中存在的风险也是我们要重点面对的，一旦网络出现问题，基本上用户都可以感知到。

（4）应用安全评估：根据等级保护基本要求，对信息系统的应用进行安全评估，找出应用程序中存在的风险。应用安全评估是一个复杂的过程，而且，比较熟悉应用的除了应用开发商以外就是使用单位了，所以应用安全评估必须是应用开发商和使用单位共同参与的过程。

（5）渗透性测试：通过对信息系统进行模拟黑客入侵，找出信息系统中存在的安全隐患，现在在互联网上有很多专用的渗透测试工具可供使用，但考虑到渗透性测试所带来的风险，因此，必须进行必要的告知和恢复措施。

6.代码安全审计：对信息系统的开发代码进行扫描，找出代码编写过程中存在的代码安全隐患，代码安全审计同样操作起来有一定难度，需要与开发商配合。

管理评估主要从以下几个方面入手。

（1）安全管理制度：按照等级保护要求，建立安全管理制度，如果已经存在，则需要对现有的安全管理制度进行评估，找出其中存在的风险。

（2）人员安全管理：需要对人员录用、离岗、考核等安全管理制度进行评估，找出其中存在的安全风险。

（3）安全组织机构：对安全岗位的设置、人员配备情况、审核与检查等管理方面进行评估，找出其中存在的安全风险。

（4）信息系统安全建设：对信息系统建设过程中的方案设计、工程实施、产品选型等方面进行评估，找出其中存在的安全风险。

（5）信息系统安全维护：对信息系统安全维护过程中的环境管理、资产管理、设备管理等方面进行安全评估，找出其中存在的安全风险。

三、具体建设内容

经过风险评估之后，根据评估的结果对重要的资产、具有较大危害的风险采取有针对性的解决手段，从笔者所建设的网络环境来看，按照等级保护要求，需要从以下几方面进行考虑。

1. 应用环境安全

对于网络中的应用系统，需要利用身份认证、多级访问控制、加密存储、剩余信息保护、数据完整性保护、安全审计等技术手段，构建可信应用环境。

2. 敏感信息保护

（1）对系统中的敏感信息实行安全控制，采用自主和强制双重访问控制，防止非法访问文件，对主机中被保护的敏感数据信息，能防止非法读/写。

（2）当敏感信息从存储介质中删除时，要对敏感信息的残留痕迹做到彻底擦除，能防止利用恶意的数据恢复技术对敏感信息的窃取。

（3）文件系统的完整性进行分析和检查，监视文件系统的非授权或不期望的改变，检测和通知系统管理员改变、增加、删除的文件。

（4）敏感信息在持久性存储介质中加密存储，防止存储介质在发生丢失、失窃时造成信息泄漏。

3. 恶意代码防护

采用主动防御的思想实现恶意代码的防护，设计思路是采用白名单的方式对可执行程序进行管理，即所有可执行文件都必需经过安全管理中心的配置，添加到用户的可执行程序列表中才允许执行。对于已经添加的文件，不允许更改操作，保证程序不被恶意篡改。

4. 网站防护

对网站防护系统具有恶意代码主动防御、网页文件保护、防 SQL 注入和抗网络攻击能力等功能。

5. 安全隔离

根据所给定的访问策略配置，对所有经过边界的信息进行有效的安全访问控制。

6. 通信网络安全保护

通过对安全区域边界防火墙的访问控制列表进行合理配置，防止网络的非法外联和非法接入，保证网络环境的安全。同时通过网络审计、人工检测技术的配合使用，对网络中的通信行为进行有效的监控，对系统内部出现的较为严重的误用和异常的人设行为进行报警，并且在发现这些异常的网络行为后，对其进行安全审计和追踪。

7. 审计管理

在企业网络中的审计管理不仅仅局限于日志的收集和管理，更需要提供对系统当前状态的监视、综合的风险评估分析，并根据其结果做出详细的风险评估报告和综合报表。

结　　语

总而言之，计算机的网络安全是一项系统性的工程，在使用的过程中要考虑到安全的防范需求，并采取有效的防范技术，这样才能保证计算机网络能在安全、高效的系统中运行。计算机网络的完全防范技术并不是单一方面的，它涉及很多层面，既有系统本身安全的问题，也有物理技术的安全问题，在操作中要确保有效的防范技术，使计算机网络能够安全运行。

网络技术高速发展，病毒也在不断的转型升级，因此网络安全从业人员要不断研究开发出更加高效的计算机互联网安全技术，相关人员要对安全技术进行更加深入的普及应用，使危害互联网安全的因素无处遁形。大数据的不断发展使得计算机网络安全体系建设的水平得到提高，但同时计算机作为数据的存储载体，对计算机网络的安全性提出了更高的要求。要不断地强化计算机网络系统的安全性，提升用户的网络安全意识，提高网络安全的地位，将安全当作现在网络发展的头等大事。

在网络技术被广泛应用的背景下，网络安全技术所发挥的作用也越来越重要，这样既能够保障计算机的安全运行，也能够保障数据资源不被盗取。针对影响网络安全的众多因素，应采取适宜的安全防范措施。只有提升了计算机网络的安全性与可靠性，才能充分发挥出计算机网络的优势，满足人们生活与工作的需求。

参考文献

[1] 董洁 . 计算机信息安全与人工智能应用研究 [M]. 北京：中国原子能出版
传媒有限公司 ,2022.

[2] 赵伯鑫，李雪梅，王红艳 . 计算机网络基础与安全技术研究 [M]. 长春：
吉林大学出版社有限责任公司 ,2022.

[3] 季莹莹，刘铭，马敏燕 . 计算机网络安全技术 [M]. 汕头：汕头大学出版
社有限公司 ,2022.

[4] 肖蔚琪 . 计算机网络安全 [M]. 武汉：华中师范大学出版社有限责任公
司 ,2022.

[5] 张虹霞 . 计算机网络安全与管理实践 [M]. 西安：西安电子科学技术大学
出版社 ,2022.

[6] 蒋建峰作 . 计算机网络安全技术研究 [M]. 苏州：苏州大学出版社 ,2022.

[7] 周世杰 . 计算机系统与网络安全技术 [M].2 版 . 北京：高等教育出版社有
限公司 ,2022.

[8] 江楠 . 计算机网络与信息安全 [M]. 天津：天津科学技术出版社 ,2021.

[9] 薛光辉，鲍海燕，张虹 . 计算机网络技术与安全研究 [M]. 长春：吉林科
学技术出版社有限责任公司 ,2021.

[10] 郝丽萍，石坤泉 . 计算机网络数据保密与安全 [M].1 版 . 北京：北京理工
大学出版社有限责任公司 ,2021.

[11] 吴礼发,洪征.计算机网络安全原理[M].2 版 . 北京:电子工业出版社,2021.

[12] 石淑华，池瑞楠 . 计算机网络安全技术慕课版 [M].6 版 . 北京：人民邮电
出版社 ,2021.